応用経営史

福島第一原発事故後の電力・原子力改革への適用

橘川武郎 著

文眞堂

はじめに：本書のねらいと構成

本書のねらいは、経営史研究の一つの方向性として、筆者（橘川）が近年、主唱している「応用経営史」の手法について、その内容と方法について説明するとともに、それを現実の社会的テーマに適用した事例を紹介することにある。現実のテーマとして取り上げるのは、2011年3月の東京電力・福島第一原子力発電所事故を契機に大きな社会的課題として浮上した電力改革・原子力改革である。電力改革・原子力改革は、現在も進行中であるが、本書では、2015年10月までの事実経過をふまえて、記述を進める。

本書の第Ⅰ部では、応用経営史とは何か、そして、どのような方法をとるのかについて解説する。続いて第Ⅱ部では、福島第一原発事故後のエネルギー改革問題の展開と、同問題への応用経営史の適用について論述する。

応用経営史とは何か。それを説明するためには、現在、歴史学がおかれている厳しい状況から話を始める必要がある。

大学教育をめぐる規制緩和が進むにつれ、経済学部や経営学部で歴史関連の科目が必修から選択に

i

はじめに：本書のねらいと構成

「格下げ」になったり、場合によってはカリキュラムから消滅したりするケースが目立つようになった。その際、論拠として声高に喧伝されたのは、「歴史は役に立たない」という議論である。端的に言えば、「歴史学の危機」が生じているわけであるが、筆者が所属する経営史学会では、すでに今から16年前に、この問題を正面から取り上げたことがある。2000（平成12）年9月に成城大学で開催された経営史学会第36回全国大会では、「経営史教育の現状と課題」が統一論題のテーマに選ばれた。オルガナイザーとなったのは当時、経営史学会会長であった山崎広明であり、『経営史学』に掲載された久保文克の年次大会報告によれば、山崎広明は、その統一論題の問題提起のなかで、次のように述べた。

「経営史の専任教授を置かないと経営学科の設置は認めないとの文部省の設置基準が、結果として経営史学会の発展に大変プラスになったことは事実であろう。しかし、今日の経営史教育は次の二つの理由によって大きな危機に直面しており、今回統一論題のテーマとして経営史教育を取り上げた問題意識もここにある。すなわち、経営史が必修から選択に『格下げ』されたり、担当者が専任から非常勤に変えられたり、科目そのものが廃止されたりするケースが増えつつあるという現状が理由の一つであり、大学の大衆化にともなう学生の『歴史離れ』という状況変化が今一つの理由である。

まさに経営史という科目は試練の時を迎えているのであり、どうしたら経営史という科目を学生

はじめに：本書のねらいと構成

にとって魅力あるものにできるか、という問題意識こそが今回の統一論題の出発点である。と同時に、経営史教育を魅力あるものにすることは、とりわけ実用性に流されがちな今日の経営学部・経営情報学部において、失われつつある『歴史認識』や『歴史的視野』を教える最後の砦を守ることに他ならない」。

大学設置に関する規制の緩和などにからめて経営史学の危機を指摘した山崎広明の問題提起が危惧した状況は、16年を経た今日においても、改善されないどころか、むしろ深刻さを増している。学生の「歴史離れ」や経営学部・経営情報学部の実用志向が続くなかで、経営史学はいかにしてレゾンデートル（存在理由）を明確にすべきか。この問いに対する答えを導くことが、応用経営史の可能性を探求する本書のねらいである。

なお、本書の付録として、拙稿「日本における経営史学の50年：回顧と展望」を掲載する。同稿は、2014年9月に文京学院大学で開催された経営史学会創立50周年記念大会で筆者が経営史学会会長として行った英語スピーチの日本語版原稿であり、英語バージョンについては発表済みであるが、日本語バージョンとしては初出のものである。そのなかでは、経営史学の今後の展望との関連で、応用経営史の重要性に言及している。

はじめに：本書のねらいと構成

【注】
1 橘川武郎「経営史学の時代―応用経営史の可能性―」『経営史学』第40巻第4号、2006年、橘川武郎『歴史学者 経営の難問を解く』日本経済新聞出版社、2012年、など参照。
2 久保文克「第36回大会統一論題『経営史教育の現状と課題―アメリカ・ヨーロッパ・日本―』討議報告 統一論題」『経営史学』第36巻第1号、2001年、109-110頁。
3 全国の大学における経営史関連の授業のなかには、多くの学生が受講し、人気を博しているものも多い。したがって、学生の「歴史離れ」を論じる際には、慎重な事実認定が必要とされる。
4 Kikkawa, Takeo, "Fifty Years of Business History in Japan: Past Achievements and Future Prospects," Business History Society of Japan, ed., *Japanese Research in Business History*, Vol.30, 2013.

目次

はじめに：本書のねらいと構成 ... i

第Ⅰ部　応用経営史について ... 1

第1章　応用経営史とは何か ... 3

第2章　応用経営史の方法：実例による説明 ... 6

1　応用経営史の作業手順 ... 6

2　応用経営史の方法の適用事例：日本石油産業の競争力構築 ... 7

　日本石油産業における歴史的文脈 ... 7

　日本石油産業の二つの脆弱性 ... 12

　脆弱性克服・競争力構築の原動力 ... 12

目　次

第Ⅱ部　福島第一原発事故後の電力改革・原子力改革への応用経営史の適用

ナショナル・フラッグ・オイル・カンパニーへの途 …………… 14

第3章　事故以前（2011年3月10日以前） …………… 19

1　主要な文献 …………… 21
2　歴史的文脈の解明 …………… 21
3　問題の本質の特定 …………… 22
4　問題解決の原動力となる発展のダイナミズムの発見 …………… 25
5　問題解決の道筋の具体的提示 …………… 29

第4章　事故直後（2011年3月11日～2011年10月2日）

1　事実経過 …………… 31
2　文献のリスト …………… 38
3　歴史的文脈の解明 …………… 38
4　問題の本質の特定 …………… 41
　　　　　　　　　　　　　　　　　　　　　　　　　46
　　　　　　　　　　　　　　　　　　　　　　　　　48

vi

目　次

　　5　問題解決の原動力となる発展のダイナミズムの発見
　　　　日本経済が直面する危機 ································· 50
　　　　「緊急に実施すべき事項」に関する齟齬 ··················· 53
　　　　「応急・短期的に実施すべき事項」に関する齟齬 ············ 55
　　　　「今回の事故の知見の反映」に関する齟齬 ················· 56
　　　　まとめ ·· 58
　　　　個人的見解 ·· 59
　　6　問題解決の道筋の具体的提示 ······························· 60

第5章　民主党政権時代（2011年10月3日〜2012年12月25日） ··· 62

　　1　事実経過 ··· 67
　　2　文献のリスト ·· 67
　　3　歴史的文脈の解明 ··· 70
　　　　異例の公的管理移行 ·· 84
　　　　「既定の事実」だった実質国有化 ·························· 84
　　　　現場力を維持する枠組み作りを ····························· 85
　　4　問題の本質の特定 ··· 87
　　　　　　　　　　　　　　　　　　　　　　　　　　　　　　　89

vii

目　次

5 新安全基準の明示が原発再稼働の条件 ………………………………… 89
　もう一つのリスク…電気料金値上げ ……………………………………… 90
　3度あった危機…ブラックアウト寸前の事態も ………………………… 92
　リスクがあるだけで進行する産業空洞化 ………………………………… 93
　問題解決の原動力となる発展のダイナミズムの発見 …………………… 94
　原発2020年9基、2030年14基新増設方針の背景 ……………………… 94
　破綻した国内・真水・25％削減の鳩山イニシアチブ …………………… 96
　石炭火力技術を使えば鳩山イニシアチブを上回る削減は可能だ ……… 96
　コスト的にも割安な石炭火力技術海外移転方式 ………………………… 98
　石炭火力のゼロ・エミッション化 ……………………………………… 100
　IGCCは「S＋3E」の申し子 ……………………………………………… 100
　シェールガス革命の現場のダイナミズム ……………………………… 103
　なんと9倍の価格差…天然ガス市場の日米間ギャップ ……………… 105
　天然ガスを安く調達する方法 …………………………………………… 107

6 問題解決の道筋の具体的提示 …………………………………………… 110
　電力産業体制・電力需給構造・原子力政策の改革の方向性 ………… 110
　ビジネスモデルの歴史的転換 …………………………………………… 112

viii

目次

第6章 自民党政権時代（2012年12月26日以降）

原発は過渡的エネルギー............113
リアルでポジティブなたたみ方............115
政府・民主党のエネルギー新戦略の矛盾............116
求められるリアルでポジティブな原発のたたみ方............118
原子力依存度は「引き算」で決まる............121
3シナリオ間の地球温暖化対策の違い............122
電力料金値上げの打撃を回避するために............123
予想される今後の展開............124

1 事実経過............126
2 文献のリスト............130
3 歴史的文脈の解明............153
　参院選の結果と原発再稼働............153
　元に戻る再稼働か、減り始める再稼働か............154
　電力システム改革は東電大リストラから始まる............157
4 問題の本質の特定............160

ix

目次

5

「木を見て森を見ない」エネルギー基本計画 …… 160
原発をめぐる世論の「混乱」を読み解く …… 162
迫る最終期限のCOP21 …… 164
固定価格買取制度の見直し …… 166
系統接続保留問題の発生 …… 167
太陽光発電拡大のための根本原則 …… 167
送電線問題解決への道筋 …… 168
問題解決の原動力となる発展のダイナミズムの発見 …… 170
共生すれども依存せず …… 171
医療・福祉と観光に伸びシロ …… 173
「福井目線」が「東京目線」を制した …… 176
一番悩んでいる者が希望を見出す …… 178
原発からの出口戦略‥嶺南の未来 …… 180
水素活用への高い位置づけ …… 183
水素活用の意義と課題 …… 186
欧州で盛んな「パワー・トゥ・ガス」とは何か …… 189
エネルギー構造全体を変えるポテンシャル …… 191

目次

第7章　今後の展望 … 195

6　問題解決の具体的提示 … 196
　本書が明らかにしたもの … 199
　今こそ、リアルでポジティブな議論が求められている

1　電源ミックスの展望 … 201
　2015年策定の電源ミックスと「S+3E」 … 201
　二重の公約違反 … 201
　安全性…依存度低減と組み合わせた原発リプレース … 203
　経済効率性…火力発電用化石燃料の調達コスト削減 … 205
　環境適合性…高効率石炭火力技術の移転による海外でのCO2排出量削減 … 207
　エネルギー安定供給…市場ベースでの再生可能エネルギー電源の導入 … 210
　ただちに電源ミックスを改定すべき … 214

2　電力自由化の展望 … 218
　本格的な改革スタート … 218
　ガス改革にも波及 … 219
　広域機関の動向に期待 … 220 … 221

業種や地域超え競争	223
発送電分離に光と影	224
料金下がらぬ可能性も	226
発電投資の活性化必要	227
海外も成否分かれる	229
経営革新の大きな機会	230
おわりに：応用経営史をめぐる諸論点	233

付録　日本における経営史学の50年：回顧と展望

1 はじめに ……………………………………………… 236
2 経営史学の独自性 …………………………………… 236
　経営史学とは何か …………………………………… 237
　経営学と経済学 ……………………………………… 237
　経営学と経営学 ……………………………………… 237
3 経営史学の研究成果 ………………………………… 239
　経営史学の研究成果 ………………………………… 241
　経営史的手法による主要な研究成果 ……………… 241

目次

4 経営史学の課題：結びに代えて

財閥の特徴の析出 ………………………………… 242
産業史研究と競争力構築メカニズムの解明 …… 245
中小企業研究と産業集積研究 …………………… 250
国際比較経営史から国際関係経営史へ ………… 252
企業家の歴史的役割の究明 ……………………… 254

経営史学の課題：結びに代えて …………………… 256

あとがき …………………………………………… 261

索引

第Ⅰ部　応用経営史について

第1章　応用経営史とは何か

プロイセンの鉄血宰相ビスマルクが発したとされる「愚者は経験に学び、賢者は歴史に学ぶ」という言葉を借りるまでもなく、「歴史は役に立たない」という議論は、暴論に近いものである。しかし、その種の議論に対して有効に反駁するためには、歴史を理解してこそ直面する問題を正しく解決できることを、実例をもって示す必要がある。

ここで、本書の含意（インプリケーション）を、あらかじめ明らかにしておこう。

それは、今日の日本において経営学が明確にすべきレーゾンデートルは、必要とされている日本経済や日本企業の改革に関して、他のアプローチでは見出しえないような実行プランを提示することにある、という含意である。逆説的な言い方であるが、経営史学は「実用的」であり、「役に立つ」がゆえに重要な意味をもつということになるが、それは、経営史学から、応用経営史という手法を導くことが可能だからである。応用経営史とは、経営史研究を通じて産業発展や企業発展のダイナミズムを析出し、それをふまえて、当該産業や当該企業が直面する今日的問題の解決策を展望する方法である。

3

第Ⅰ部　応用経営史について

　一般的に言って、特定の産業や企業が直面する深刻な問題を根底的に解決しようとするときには、どんなに「立派な理念」や「正しい理論」を掲げても、それを、その産業や企業がおかれた歴史的文脈（コンテクスト）のなかにあてはめて適用しなければ、効果をあげることができない。また、問題解決のためには多大なエネルギーを必要とするが、それが生み出される根拠となるのは、多くの場合、潜在化しており、それを析出するためには、その産業や企業の長期間にわたる変遷を濃密に観察することから出発しなければならない。観察から出発して発展のダイナミズムを把握することができれば、それに準拠して問題解決に必要なエネルギーを獲得する道筋がみえてくる、そしてさらには、そのエネルギーをコンテクストにあてはめ、適切な理念や理論と結びつけて、問題解決を現実化する道筋も展望しうる、……これが、応用経営史の考え方である。
　筆者は、この応用経営史の考え方に立つからこそ、本書を執筆した。現在の日本社会は、エネルギー改革問題に限らず、いろいろな重大問題に直面している。だからこそ、この時点で、経営史研究者として、発言する必要があると考えたのである。
　社会科学の諸分野の中で比較的新しい学問である経営史学は、1929年の世界大恐慌前後にアメリカで誕生したことからもわかるように、現実社会の動向とつねに密接な関係をもってきた。第2次世界大戦後の世界的規模での企業経営の発展に歩調を合わせて経営史学は世界各地に広がり、まずは先発工業化諸国で、そして最近では新興国で、経営史学会の設立があいついでいる。

4

第1章　応用経営史とは何か

現実社会との関連についてみれば、2008年のリーマンショックを契機に発生した世界同時不況が長期化するなかで、資本主義のあり方そのものが問われるような状況が生じており、歴史的視点から現実社会に示唆を提供する経営史学への期待は高まっている。経営史学が過去の事実を解析するだけの時代は、終わりを告げた。応用経営史学への展開は、経営史学が、過去の文脈を解き明かすことを通じて現在の問題の核心と解決策を指し示し、そのことを通じて未来への展望を切り開く、新しい役割を担う時代が到来したことを意味している。

【注】
5　ここで言う「産業発展や企業発展のダイナミズム」とは、産業や企業の発展を主導する力のことである。

第2章 応用経営史の方法：実例による説明

1 応用経営史の作業手順

応用経営史とは、経営史研究を通じて産業発展や企業発展のダイナミズムを析出し、それをふまえて、当該産業や当該企業が直面する今日的問題の解決策を展望する手法である。

応用経営史の方法とは、どのようなものであろうか。

応用経営史的分析においては、

① 問題に直面している産業や企業がおかれている歴史的文脈（コンテクスト）を明らかにする、
② 歴史的文脈をふまえて問題の本質を特定する、
③ 問題解決の原動力となる、当該産業や当該企業が内包している（多くの場合、顕在化していない）発展のダイナミズムを発見する、
④ 上記の①～③の作業をふまえて、当該産業や当該企業が直面している問題を解決する道筋を可能な限り具体的に展望する、

6

第2章 応用経営史の方法：実例による説明

という、四つの作業手順をふむ。この手順のふみ方については、実例をあげて説明した方が、わかりやすい。以下では、節を改め、一つの実例として、①〜④の手順に即して、日本の石油産業が競争力を構築する途について展望することにしたい。[注6]

2 応用経営史の方法の適用事例：日本石油産業の競争力構築[注7]

【日本石油産業における歴史的文脈】

この節の課題は、日本石油産業の国際競争力構築について、歴史分析をふまえた提言を試みることにある。国際競争力構築という今日的テーマを取り扱うに当たって、あえて歴史過程に目を向けるのは、本書では応用経営史という分析手法を採用するからである。

まず、応用経営史の作業手順の①（歴史的文脈の解明）についてであるが、日本石油産業において観察される歴史的文脈としては、以下の諸点が重要である。

第1は、産業が創始された直後の時期から日本の石油市場に外国石油会社が深く浸透し、誕生したばかりの国内石油会社は市場競争において劣位に立たされたことである。アメリカのスタンダード・オイル（Standard Oil）・グループの中で新たにアジア向け輸出を担当するようになったソコニー（Socony）は、アジア市場で台頭しつつあったロシア灯油と対抗するために、従来の委託販売方式に代えて直接販売方式を採用し、1893年、日本に支店を開設した。そのロシア灯油の輸入を日本で

7

第Ⅰ部　応用経営史について

担当していたのはサミュエル（Samuel）商会であったが、1990年には同商会の石油部門が独立し、日本法人のライジングサン（Rising Sun Oil）が設立された。ライジングサンは、設立後まもなく、1903年に誕生したアジアチック（アジアチック・ペトロリアム Asiatic Petroleum）というイギリス・オランダ系のロイヤル・ダッチ・シェル（Royal Dutch Shell）・グループの傘下に入り、イギリス・オランダ系のロイヤル・ダッチ・シェル（Royal Dutch Shell）・グループに所属することになった。これに対し、国内石油会社として1888年に設立された日本石油と1893年に設立された宝田石油は、上流部門から出発して下流部門へと展開する垂直統合戦略を推進して石油販売業にも進出したが、外国石油会社に対して競争優位を確立することはできなかった。そのことは、1910年に成立した日本市場における灯油のカルテル協定である「4社協定」において、内地での販売シェアが、ソコニー43％、ライジングサン22％、宝田石油21％、日本石油14％と決定されたことに、端的に示されている。

　第2は、1920年代半ばに国内石油会社が外国石油会社と対抗するため消費地精製方式をとるようになり、結果的には、そのことが日本石油産業における「上流部門と下流部門の分断」の出発点となったことである。日本石油や小倉石油が原油を輸入し日本で精製する消費地精製方式を採用したのは、生産地精製主義に立ち日本への製品輸入を行う外国石油会社との競争において、優位を確保するためであった。日本政府も、国内石油会社による消費地精製を支援するため、さまざまな政策的措置を講じた。国内石油会社による消費地精製方式にもとづく外国石油会社への対抗はある程度の成果をおさめたが、日本石油市場における外国石油会社の優位という基本的な構造を変化させるまで

8

第2章 応用経営史の方法：実例による説明

にはいたらなかった。1932年に成立した日本市場におけるガソリンのカルテル協定である「6社協定」においても、販売シェアは、ライジングサン32％、小倉石油13％、日本石油24％、三菱石油7％、その他3％と決定された。むしろ、日本石油や小倉石油による消費地精製方式の採用は、上流部門と下流部門の分断をもたらす淵源となるという、歴史的意味をもったと言える。

第3は、第2次世界大戦敗北後の占領期に、消費地精製と外資提携によって特徴づけられる、日本石油産業の戦後体制の枠組みが形成されたことである。メジャーズを含む外国石油会社の日本市場に対する立場は、第2次大戦を経て、大きく変化した。中東原油の大幅増産や西ヨーロッパでの消費地精製方式の拡大を受けて、日本においても原油輸入を前提とした消費地精製方式を実施する方向へと転換したのである。このような状況変化をふまえ、1945年の終戦から1952年にかけての時期には、消費地精製主義にもとづく欧米の石油会社と日本の石油精製会社とのあいだの提携が急速に進行した。メジャーズと日本の石油精製業者との提携は、両者にとってメリットをもっていた。例えば、日本において、石油精製設備は有するが精製設備をもたないスタンヴァック (Standard-Vacuum Oil) とが提携することは、相互補完という意味で自然であった。また、精製面と製品販売面で十分な力をもちながら原油供給力と製品販売網は有するが精製設備をもたない東亜燃料工業と、原油供給力と製品販売面で不十分性を残す日本石油と、原油供給面で十分な力をもちながら精製設備と製品販売網をもたないカルテックス (Caltex) との提携においても、相互補完の原理は作用していた。そ

9

第Ⅰ部　応用経営史について

の後、長く続くことになった消費地精製と外資提携によって特徴づけられる枠組みは、日本石油産業における上流部門と下流部門の分断を本格化させる意味合いをもった。

第4は、1962年の石油業法に代表される日本政府の石油政策が、上流部門と下流部門を固定化させただけでなく、「石油企業の過多・過小」をもたらす要因となったことである。消費地精製主義の枠組みのもとで1962年に制定された石油業法は、下流部門の精製・販売業をコントロールすることによって石油の安定供給を達成しようとしたものであり、上下流の分断をオーソライズするものであった。石油業法を運用するにあたって、日本政府は、精製業者の既存のシェアをあまり変動させないよう留意した。この現状維持方針によって、競争による淘汰は封じ込められ、結果的に、日本石油産業の下流部門では、護送船団的もたれ合いに近い状況が現出して、過多・過小な企業群がそのまま残存することになった。護送船団的状況は、上流部門でも発生した。石油公団（1967年に発足した石油開発公団が、石油備蓄関連業務の開始にともない1978年に改称したもの）の石油開発企業への投融資は、戦略的重点を明確にして選択的に行われたわけではなく、機会均等主義の原則にもとづいて遂行された。このため、小規模な開発企業が乱立することになった。1962年の石油業法にもとづく石油政策体系は、1970年代の石油危機後にメジャーズ系の力が弱まった過程でも固定的に維持され、上流部門と下流部門の分断および石油企業の過多・過小に示される日本石油産業の脆弱性は構造化した。

第5は、1980年代後半以降、石油産業の規制緩和が進み、1962年の石油業法にもとづく政

10

第2章　応用経営史の方法：実例による説明

策体系が崩壊する（石油業法は2002年に廃止され、石油公団は2005年に解散した）過程でも、ナショナル・フラッグ・オイル・カンパニーの母体となるような強靭な国内石油企業が出現しなかったことである。規制緩和の結果、日本の石油業界における競争は激化し、レギュラーガソリンのグロスマージンは低下した。このような状況変化を見込んで、1996年にカルテックスは、日本石油との資本提携を解消した。また、これより前の1984年には、三菱石油から外資が撤退していた。いずれも外資系石油企業から民族系石油企業へ転身することになった日本石油と三菱石油は、1999年に合併して、日石三菱が誕生した。日石三菱の登場に前後して、日本石油産業の下流部門では水平統合が進展し、「下流企業の過多・過小」は解消に向かった。しかし、水平統合の結果誕生した下流企業のなかから、上流部門に積極的に進出し、「上流と下流との分断」をも解消して、ナショナル・フラッグ・オイル・カンパニーの母体となるような強靭な企業が出現したわけではなかった。その理由は、石油業法などの強固な規制が存在していた時代に、「産業の弱さが政府の介入を呼び起こすという政府の介入がいっそうの産業の弱さをもたらして、下向きのらせん階段、下方スパイラル」が定着し、その影響が規制緩和後も根強く残った点に求めることができる。この下方スパイラルが長年にわたって作用した日本石油産業の下流では、それに携わる諸企業の組織能力が総じて弱まった。下流企業の組織能力の弱体化は、「下流企業が、垂直統合を行う形で、上流企業を合併・買収し、結果として、上流部門での水平統合が進行する」という、ナショナル・フラッグ・オイル・カンパニー形成の途の実現性を低下させ

11

第Ⅰ部　応用経営史について

【日本石油産業の二つの脆弱性】

次に、歴史的文脈をふまえた問題の本質の特定という、応用経営史の②の作業手順に進もう。前項で指摘した一連の歴史的文脈をふまえると、日本石油産業が直面する問題の本質は、

(1) 上流部門（開発・生産）と下流部門（精製・販売）との分断、
(2) 上流企業の過多・過小、

という二つの脆弱性を有している点に求めることができる。

1962年の石油業法のもとでは、石油企業の過多・過小という問題が、上流部門のみならず下流部門にも及んでいた。しかし、日石三菱の誕生に前後して下流企業の統合が進展した結果、「下流部門における過多・過小の企業乱立」は、解消に向かった。その結果、石油企業の過多・過小に関する(2)の脆弱性は、上流部門にしぼり込まれることになった。

【脆弱性克服・競争力構築の原動力】

続いて、問題解決の原動力となる、当該産業や当該企業が内包している発展のダイナミズムを発見するという、応用経営史の③の作業手順に移ろう。ここでは、日本石油産業の発展過程において、石油企業経営者の果敢な企業家精神の発揮が随所で観察されたことが重要である。

12

第2章 応用経営史の方法：実例による説明

「天下り」経営者である橋本圭三郎は、日本石油と宝田石油、および日本石油と小倉石油の合併を実現するとともに、外国石油会社と対抗するため、日本石油社長として、消費地精製方式の採用に踏み切った。内部昇進型経営者である中原延平は、東亜燃料工業社長として種々の施策を講じ、資本提携先のスタンヴァック、エクソン、モービルに対する「内側からの挑戦」を続けた（この「内側からの挑戦」は、同じく東亜燃料工業社長となった、中原延平の子息、中原伸之に引き継がれた）。オーナー経営者である出光佐三は、戦前における中国・朝鮮・台湾市場への進出、戦後における「日章丸事件」（イラン石油の大量買付け）やソ連原油の輸入など、メジャーズに対する「外側からの挑戦」を繰り返した。

このように日本石油産業の発展過程で活躍したさまざまなタイプの石油企業経営者は、政府の介入が著しかった石油産業を営んでいたにもかかわらず、タイプの違いを超えて、基本的には主体性と自主性を堅持して行動した。そして、彼らの活発な行動は、日本の石油市場で高いシェアを占め続けた外国石油会社の活動を、しばしば制約した。1934年の石油業法の制定過程においても、1962年の石油業法の制定過程においても、それらの法律には外国石油会社に不利な内容が盛り込まれていたにもかかわらず、外国石油会社が目立った抵抗を示さなかったのは、石油業法が、それぞれの時期に活発な行動を展開していた国内石油会社（松方日ソ石油ないし出光興産）を封じ込める機能をはたすことを、外国石油会社が期待したからであった。

以上の点をふまえれば、日本石油産業の構造的な脆弱性を克服し、同産業の競争力を構築する原動

力は、石油企業経営者の企業家活動に求めるべきであろう。化させるためには、この企業家活動の水準を高めることが求められている(この点では、エンリコ・マッティ [Enrico Mattei] の企業家活動が準メジャーズ級のナショナル・フラッグ・オイル・カンパニー、eni の形成に結実した、イタリアの事例が示唆的である)。日本石油産業発展のダイナミズムを顕在

【ナショナル・フラッグ・オイル・カンパニーへの途】

最後に、当該産業や当該企業が直面している問題を解決する道筋を具体的に展望するという、応用経営史の④の作業手順に歩を進めて、本節の記述を締めくくろう。

既述のように、日本石油産業の脆弱性は、(1)上流部門と下流部門の分断、(2)上流企業の過多・過小、の2点に整理することができる。これらの脆弱性を克服するための基本的な施策は、経営統合を通じて大規模化しつつある下流石油企業が、垂直統合を行う形で、上流石油企業を合併・買収し、結果として、上流部門での水平統合をも推進することに求めるべきである。この施策は、日本の石油産業がもつ(1)と(2)の二つの弱点を同時に解消するものであるから、理想的なものだと言える。しかし、現実には、上記の基本的施策が実現する可能性は低い。なぜなら、日本の石油産業の下流部門では、1980年代半ば以降規制緩和が進展し企業統合の動きがみられたにもかかわらず、「産業脆弱性と政府介入との下方スパイラル」の後遺症の影響で産業の体質強化が本格的には進まず、下流石油企業にとっての最大の課題である低収益体質からの脱却という面で決定的な成果があがっていないからで

第2章 応用経営史の方法：実例による説明

ある。

基本的な施策を実行に移すことがすぐには難しいのであれば、基本的施策とは区別される現実的な対応策が求められる。そのような現実的な方策としては、(a)上流部門での水平統合、(b)下流石油企業の組織能力強化、という2点をあげることができる。このうち(b)は、「日本国内でコンビナートの高度統合を進め石油精製事業の国際競争力を強化すること」(b1)、および「世界の石油産業の常識である『上流部門で儲ける』というメカニズムを取り込むため『下流の技術力で上流を攻める』という新しいアプローチを採用すること」(b2)という、二つのポイントからなっている。

2000年代にはいって、上記の(a)や(b1)、(b2)は、かなりの進展をみた。(a)では、INPEX(国際石油開発帝石)の成長にともない、上流部門での水平統合が進んだ。(b1)では、RING(石油コンビナート高度統合運営技術研究組合：Research Association of Refinery Integration for Group-Operation)事業を中心にしたコンビナート高度統合の進展により、「コンビナート・ルネサンス」と呼ばれる状況が現出した。そして、その成果は、(a)(b2)の「下流の技術力で上流を攻める」という新しいビジネスモデルを生みつつある。また、(a)については JOGMEC (独立行政法人石油天然ガス・金属鉱物資源機構：Japan Oil, Gas and Metals National Corporation)が、(b1)については JCCP (国際石油交流センター：Japan Corporation Center, Petroleum)が支援する仕組みも、それぞれ有効に機能している。

日本石油産業の国際競争力の構築という観点に立てば、現状は、けっして悲観すべきものではな

15

第Ⅰ部　応用経営史について

い。しかし、一方で、石油産業をめぐる国際競争がかつてなく激化していることも、否定しがたい事実である。
厳しい国際競争に耐え抜くナショナル・フラッグ・オイル・カンパニーが形成されたときにはじめて、日本の石油産業は、国際競争力を構築したと言うことができる。

第2次世界大戦の前夜、日本政府は、石油産業に関して、（A）対外依存度を低下させるために国内精製業を育成することと、（B）戦略物資である石油の絶対量を確保するために一定規模の製品輸入業を継続させること（端的に言えば、（A）の措置に反発して外国石油会社が日本から撤退することを阻止すること）という、ある意味では矛盾する二つの課題を同時に追求し、成果をあげた。この事実は、石油がエネルギー・セキュリティの要諦であることを如実に示しているが、この点は、今後、石油需要が多少減退したとしても、基本的には変わらない。石油・天然ガスの供給を輸入に依存する日本のような非産油国・石油輸入国にとって、基本的なエネルギー安全保障策の一つは、ナショナル・フラッグ・オイル・カンパニーという世界市場で活躍する強靭なプレイヤーを擁することである。顕在化しつつある日本石油産業発展のダイナミズムが本格的に作動し、（a）上流部門での水平統合、（b）下流石油企業の組織能力強化、という二つの経路を通って、ナショナル・フラッグ・オイル・カンパニーが形成されるとき、我が国のエネルギー・セキュリティは確保される。日本石油産業発展のダイナミズムの担い手である石油企業経営者と、その活動を支援する日本政府の社会的責任は、きわめて大きいのである。

本節では、応用経営史の方法を実例をあげて説明するため、①歴史的文脈の解明、②問題の本質

16

第2章 応用経営史の方法：実例による説明

の特定、③問題解決の原動力となる発展のダイナミズムの発見、④問題解決の道筋の具体的提示、という応用経営史の四つの作業手順を、日本石油産業の競争力構築というテーマに適用してきた。本書の第Ⅱ部では、より詳細な応用経営史の適用実例として、別のテーマを取り上げる。それは、2011年3月の東京電力・福島第一原子力発電所事故を契機に大きな社会的課題として浮上した、電力改革・原子力改革というテーマである。

【注】

6 日本石油産業の競争力構築に関する筆者の詳しい見解については、橘川武郎『日本石油産業の競争力構築』名古屋大学出版会、2012年、橘川武郎『石油産業の真実―大再編時代に何が起こるのか―』石油通信社、2015年、などを参照。

7 この節の記述は、橘川前掲『日本石油産業の競争力構築』の内容を要約したものである。

8 ナショナル・フラッグ・オイル・カンパニーとは、自国内のエネルギー資源が国内需要に満たない国の石油・天然ガス企業であって、産油・産ガス国から事実上当該国を代表する石油・天然ガス企業として認識されているものをさす。

第Ⅱ部 福島第一原発事故後の電力改革・原子力改革への応用経営史の適用

第3章 事故以前（2011年3月10日以前）

1 主要な文献

2011年3月11日午後2時46分、マグニチュード9・0に達する巨大地震、東北地方太平洋沖大地震が発生した。この地震とそれが引き起こした大津波は、第2次世界大戦後の日本で最大規模となる自然災害、東日本大震災を引き起こした。

東日本大震災は、東京電力・福島第一原子力発電所の事故をともなった点でも、特筆すべき歴史的出来事であった。福島第一原発事故は、原子力施設の事故・故障等の事象を評価する国際原子力事象評価尺度（INES：International Nuclear Event Scale）で、史上最悪と言われる1986年のチェルノブイリ原子力発電所事故（旧ソ連）と並ぶレベル7（「深刻な事故」）と評価されるに至り、本書を執筆している2015年10月末時点になっても、最終的な収束のめどは立っていない。

東京電力・福島第一原子力発電事故によって、日本の電力業のあり方は、根本的に見直されること

になった。筆者（橘川）は、この事故が発生する以前から、応用経営史の手法を適用して、電力改革・原子力改革に関する提言を行っていた。主要な関連文献は、以下のとおりである。

(1) 『日本電力業発展のダイナミズム』名古屋大学出版会、2004年10月25日。
(2) 「電力自由化とエネルギー・セキュリティー歴史的経緯を踏まえた日本電力業の将来像の展望——」東京大学『社会科学研究』第58巻第2号、2007年2月20日。
(3) 「日本の原子力発電——その歴史と課題」一橋商学会編 Hitotsubashi Review of Commerce and Management（『一橋商学論叢』）、Vol.3, No.1, 2008年5月31日。

2 歴史的文脈の解明

上記の文献(1)において筆者は、応用経営史の第1の作業手順である「歴史的文脈の解明」について、次のような議論を展開した。[注9]

・日本最初の電力会社である東京電灯（現在の東京電力の前身）が設立されたのは1883（明治16）年2月のことである。それから今日にいたる日本電力業の歴史について産業組織の改変に注目すると、次の三つの時代に大きく区分することができる。

第3章　事故以前（2011年3月10日以前）

A　民有民営の多数の電力会社が主たる存在であり、それに、地方公共団体が所有・経営する公営電気事業が部分的に併存した時代（1883年2月〜1939年3月）。

B　民有国営の日本発送電と9配電会社が、それぞれ発送電事業と配電事業を独占的に担当した電力国家管理の時代（1939年4月〜1951年4月）。

C　民有民営・発送配電一貫経営・地域独占の9電力会社が主たる存在であり、それに、地方公共団体が所有・経営する公営電気事業や特殊法人である電源開発（株）、官民共同出資の日本原子力発電（株）などが部分的に併存する9電力体制の時代（1951年5月以降。1988年10月の沖縄電力の民営化以降は、「10電力体制の時代」となった）。

このうちAの時代は、電力会社間の市場競争の有無によって、以下のように、さらに三つの時期に細分化される。

A-1　おもに小規模な火力発電に依拠する電灯会社が都市ごとに事業展開し、競争がほとんど発生しなかった時期（1883〜1906年）。

A-2　おもに水力発電と中長距離送電に依拠する地域的な電力会社が激しい市場競争（「電力戦」）を展開した時期（1907〜31年）。

A-3　カルテル組織である電力連盟の成立と供給区域独占原則を掲げた改正電気事業法の施行により、「電力戦」がほぼ終焉した時期（1932〜39年）。

また、Cの時代も、市場競争の有無やパフォーマンス競争の強弱によって、

C−1　民営9電力会社による地域独占が確立しており市場競争は存在しないが、パフォーマンス競争が展開された時期（1951〜73年）、

C−2　引き続き地域独占が確立しており市場競争が存在せず、パフォーマンス競争も後退した時期（1974〜94年）、

C−3　電力自由化の開始により、電力の卸売部門と小売部門で市場競争が部分的に展開されるようになった時期（1995年以降）、

このように要約できる日本電力業の歴史の大きな特徴は、国家管理下におかれたBの時代の12年1ヵ月を例外として、基本的には民営形態で営まれてきた点に求めることができる。この点は、やはり電気に関連する公益事業である電気通信業が、1869年の事業開始から1985年の日本電信電話公社の民営化まで一貫して政府の直営ないし公社経営のもとにおかれたことと、対照的ですらある。

電気通信業の場合と異なり、電力業で民営形態が支配的であった理由は、三つある。それは、①明治初期に海底ケーブルが敷設された電気通信事業では外資の日本市場参入が容易であったのに対し、現在でも海外と結ぶ送電線がない電力業では外資の脅威が存在しなかった、②明治政府が、国防上ないし治安維持上の観点から、電力業に比べて電気通信業を決定的に重視した、③やがて民間電力会社内に電力業経営の能力が蓄積されるようになり、それが、いく度か試みられた電力国営化の動きを封じ込めた、という3点である。

電力業は公益性の高い産業であるが、わが国の場合には、国営化や公営化の途を選んだ多くのヨー

第3章　事故以前（2011年3月10日以前）

ロッパ諸国と異なり、民営で電力業を営むという方式を選択した。つまり、民有民営の電力会社が企業努力を重ねて、「安い電気を安定的に供給する」という公益的課題を達成する、民間活力重視型の方針を採用したわけである。日本電力業の歴史に評価を下すには、この「民営公益事業」という選択が適切であったか否かが、重要な判断基準になる。

3　問題の本質の特定

文献（1）（2）（3）において筆者は、応用経営史の第2の作業手順である「問題の本質の特定」について、次のような認識を示した。

1951年5月の電気事業再編成によって誕生した9電力各社は、1950年代後半から1970年代初頭にかけての日本経済の高度成長期に、「低廉で安定的な電気供給」を実現した。この時期は、民間電力会社が企業努力を重ね、活力を発揮して、「低廉で安定的な電気供給」という公益的課題を達成した、日本電力業の歴史のなかでも特筆すべき「黄金時代」だったと言うことができる。

なぜ、高度成長期に、日本電力業の特徴である「民営公益事業」方式は、大きな成果をあげることができたのだろうか。その理由は、次の2点に求めることができる。

25

第Ⅱ部　福島第一原発事故後の電力改革・原子力改革への応用経営史の適用

第1は、のちの時代と異なり、官と民のあいだに緊張関係が存在したことである。この時期には、電力国家管理の復活をもくろむ政府と、民営9電力会社とが、官営か民営かをめぐって、つば競り合いを繰り広げた。戦前の電気事業法が廃止された1950年から戦後の電気事業法が制定される1964年までのあいだに14年間の空白期間が生じたのは、経営形態をめぐる対立が深刻だったからでる。政府は、特殊法人の電源開発（株）を設立し、佐久間ダムを建設させて、官営の優位を誇示した。これに対して、9電力会社の一角を占める関西電力は、単独で黒部川第四発電所を建設し、民間でも大規模ダム開発が可能であることを示した。両者の対立は、結局、経済性の観点から電源構成の火主水従化と火力発電用燃料の油主炭従化を推進した民営方式の勝利という形で終結し、1964年7月に公布された新電気事業法によって、民営9電力体制が法認された。

「民営公益事業」方式の「黄金時代」が到来した第2の理由は、市場独占が保証されていたにもかかわらず、9電力各社が活発に合理化競争を展開したことである。1950年代後半から1970年代初頭にかけての時期には、前後の時期とは異なり、電気料金の改定は、9社いっせいに実施されず、各社ばらばらに行われた。そのため、9電力各社は、他社よりも少しでも長く料金値上げを実施しないですむよう、競い合って経営合理化に取り組んだ。その結果、電源の大容量化、火力発電の熱効率向上、火力発電用燃料の油主炭従化、水力発電所の無人化、送配電損失率の低下などが急速に進み、「低廉で安定的な電気供給」が実現した。この時期の9電力会社は、市場独占を保証されていたにもかかわらず、民間活力を大いに発揮し、「お役所のような存在」ではなかったのである。

第3章　事故以前（2011年3月10日以前）

しかし、1973年10月には石油ショック（石油危機）が発生し、日本経済の高度成長だけでなく、9電力体制の「黄金時代」をも終焉させることになった。「黄金時代」を支えた①政府・9電力会社間の緊張関係、②電力会社間の合理化競争、という二つの要素が、いずれも消滅したからである。

政府・9電力会社間の距離がせばまった背景には、電力施設立地難の深刻化と原子力開発の重点化という二つの事情が存在した。

1970年代にはいると産業公害が大きな社会問題となり、その影響を受けて電力関連施設をめぐる立地難が深刻化した。この立地難を、9電力会社は独力で克服することはできなかった。電力各社は行政への依存を強めることによって立地難を緩和しようとしたのであり、1974年10月の電源三法の施行は、それを象徴する出来事であった。

原子力政策も、政府・9電力会社間の距離をせばめるうえで大きな意味をもった。「安定的な電気供給」を至上命題として掲げた9電力会社は、石油ショック時の石油輸入途絶への危機感をきっかけにして、原子力開発に全力をあげた（1973年には日本の電源構成に占める石油火力の比率は73％に達していた）。原子力開発に全力をあげた「石油ショックのトラウマ」とでも呼ぶべき状況であったが、9電力会社が推進した原子力開発は、スムーズに進行したわけではなかった。このころには原子力発電の安全性に対する不安感が、国民のあいだに根強く広がっていたからである。十分な国民的コンセンサスが得られぬ状況下で原子力開発を進めることになった9電力会社は、政府による強力なバックアップを必要とした。このような脈絡で、原子力政策は、政府と9電力会社とのあいだの距離をせばめる意味合い

27

第Ⅱ部　福島第一原発事故後の電力改革・原子力改革への応用経営史の適用

をもったのである。

　石油ショックにともなう原油価格の急騰を受けて、9電力会社は、1974年から1980年にかけて、電気料金を3度にわたり大幅に値上げした。1974年以降、9（10）電力会社は、電気料金を改定する際に、横並びでほぼいっせいに行動するようになった。電力業界では、カルテル的傾向が強まり、石油ショック前に作用していた「値上げ回避のための合理化競争」のメカニズムは消滅した。「石油ショックのトラウマ」により安定供給至上主義が浸透する一方で、電気料金は上昇し、「低廉な電気供給」は過去のものになった。電力会社は、「お役所のような存在」になり、民間活力は後退した。1990年代半ばから始まる電力自由化を必然化するような状況が形成されていったのである。
　全体としてみれば、石油ショック後の時期にも、「安定的な電気供給」は確保されたものであり、「低廉な電気供給」は終焉した。石油ショック直後の電気料金値上げは原油価格急騰によるものであり、ある程度理解も得られたが、1980年代半ばになって、油価が下がり円高が進行しても電気料金が高止まりしていることに対しては、批判が集中した。これらを受けて、1995年から電力自由化が実施されることになった。
　2008年までに4次にわたり遂行された電力自由化によって、新規参入や事業者間競争が可能な需要分野が徐々に徐々に拡大した。具体的には、2000年に契約電力2000kW以上の特別高圧需要家、2004年に500kW以上の高圧需要家、2005年に50kW以上の高圧需要家が、自由化対象に組み入れられた。電力自由化開始以降、電気料金は着実に低下し、2000年代にはいって

28

第3章 事故以前（2011年3月10日以前）

からの燃料費の高騰にもかかわらず、1995年度から2005年度のあいだに、約18％低下した。
しかし、一方で、検討対象とされていた自由化対象を家庭分野にまで広げる「全面自由化」は、2008年に見送られることが決まった。また、自由化分野が需要全体の約6割を占めるにもかかわらず、肝心の電気事業者間の地域を越えた競争は、東京電力・福島第一原発事故以前には、わずか1件しか起こらなかった。これらの事実をふまえれば、日本における電力自由化は道半ばにして頓挫した、と言わざるをえない状況であった。

4 問題解決の原動力となる発展のダイナミズムの発見

文献（2）において筆者は、応用経営史の第3の作業手順である「問題解決の原動力となる発展のダイナミズムの発見」に関連して、次のように論じた。

・・

「石油ショックのトラウマ」にとらわれ、C-2の1974〜94年の時期に変質をとげた日本電力業発展のダイナミズムは、電力自由化時代を迎えたC-3の1995年以降の時期には、再生へ向けての歩みを刻み始めた。9（10）電力会社は、電力業経営の自律性の再構築をめざして、私企業性の回復に力を注ぐようになった。電力自由化は、新規参入を試みる事業者にとってだけでなく、経営

29

の自由度を拡大させる点で、9 (10) 電力各社等の既存の電気事業者にとっても、大きなビジネスチャンスだと言える。

しかし、ここでは、チャンスとピンチとは、多くの場合、表裏一体であることも忘れてはならない。もし、電力自由化時代に、私企業性を後退させたまま守旧的姿勢をとる電力会社があるとすれば、そのような企業は、自由化の激動の中で一敗地にまみれざるをえない。一方、本来の私企業性を取り戻し、それを大いに発揮して、経営革新を断行する電力会社にとっては、自由化は、事業基盤拡充と企業体質強化を達成し、電気料金引下げ等の消費者便益の向上を図る条件を獲得するうえで、絶好のチャンスとなる。両者を分かつのは、電力業発展のダイナミズムを発揮できるか否か、という点なのである。

産業発展のダイナミズムと経営の自律性とに注目して日本電力産業史全体を総括すると、我々は一つの事実に気づく。それは、中長期的にみて、電力業発展のダイナミズムが作用すると電力業経営の自律性が深化し、電力業発展のダイナミズムが停止すると電力業経営の自律性が後退する、という事実である。日本電力業がスタートした1883年から電力国家管理直前の1939年までの局面(第1局面)、および電気事業再編成によって9電力体制が発足した1951年から第1次石油危機が発生した1973年までの局面(第3局面)では、電力業発展のダイナミズムの作用が、電力業経営の自律性の深化をもたらした。一方、1939～50年の電力国家管理の局面(第2局面)、および1974～94年の「石油ショックのトラウマ」が存在した局面(第4局面)では、電力業発展のダ

第3章　事故以前（2011年3月10日以前）

イナミズムの停止ないし衰退が、電力業経営の自律性の消滅ないし後退につながった。いったん停止ないし衰退した電力業発展のダイナミズムを再度活性化させるためには、大きな変革を必要とする。第2局面から第3局面への転換は、電気事業再編成という一大変革によって達成された。その担い手は、松永安左エ門に代表される電力業経営者たちであった。現在直面する電力自由化は、電気事業再編成に匹敵する歴史的意味をもつ新たな一大変革であり、日本の電力産業が第4局面から第5局面（電力業発展のダイナミズムが三たび活性化し、電力業経営の自律性が三たび深化する局面）へ移行する転機に当たるものである。電力自由化という大変革を主体的に担う電気事業者は、はたして登場するであろうか。我々は、この点に注目しなければならない。

5　問題解決の道筋の具体的提示

前節で述べた見解をふまえて筆者は、応用経営史の第4の作業手順である「問題解決の道筋の具体的提示」を企図して、文献（2）のなかで、電力自由化のあり方について、次のように提言した。

・「⑨（⑩）電力会社間の競争を本格化すべきではないか」、
・「地域ごとの需要の実態に即した差別化戦略を採用すべきではないか」、

- 「民生用電力販売を重点化する戦略も考慮に入れるべきではないか」、
- 「ガス会社との提携・統合を視野に入れるべきではないか」。

一方、原子力発電については、文献（1）の終章のなかで「原子力発電に関する国民的合意の形成」という項をたて、次のように主張した。なお、以下の文中に登場するバックエンドとは使用済み核燃料の処理のことであり、アンバンドリングとは発送配電一貫体制を解体することである。

日本の原子力開発は、一連の重大事故の発生や核燃料サイクルの形成の遅れなどによって、現在、深刻な岐路に立たされている。しかも、原子力開発は、電力自由化と原理的に背反する側面ももっている。自由化の拡大は、電力市場における短期的視点の台頭をもたらす可能性が高いが、それが現実化すると、長期的視点を必要とする原子力開発にとっては、重大な制約要因になりかねない。また、原子力開発の推進には廃棄物処理等をめぐって政府の関与が不可欠であるが、そのことは、電力自由化がめざす市場原理の拡大と、決定的に矛盾する。

現実に、日本の電力自由化は、原子力開発の抑制という「副作用」をもたらしている。『電気新聞』編集委員の間庭正弘は、2002年2月の同紙の記事で、次のように書いている。

「電力自由化の検証が進む中、原子力をめぐる論議が活発化しつつある。自由化範囲が拡大し離脱需要家が増加すれば、バックエンドを含む巨額の投資回収が困難となり、民間企業経営の範囲内での

第3章　事故以前（2011年3月10日以前）

開発運営は壁にぶつかることになりかねない。単純な競争市場ならば、仮に原子力開発が後退しても競争の結果と片付けられるが、環境、エネルギーセキュリティーという観点から国策と位置付けられている以上、簡単に割り切るわけにはいかない。自由化検証と絡み、今後の議論の展開からは目が離せない[注12]」。

この記事が指摘するとおり、電力自由化は、そのままでは原子力開発の投資回収リスクを高め、民間電力会社の原子力投資を抑制する波及効果をもつのである。

それでは、上記の記事が求めた、電力自由化の検証プロセスにおける原子力開発をめぐる論議の深化は、実現したのであろうか。残念ながら、答えは「否」である。電力自由化の検証をふまえ、上記記事のほぼ1年後に発表された総合資源エネルギー調査会電気事業分科会報告「今後の望ましい電気事業制度の骨格について」（2003年2月）は、事実上、原子力開発をめぐる議論を先送りにした。このまま原子力発電の位置づけを先送りする状況が続けば、日本の原子力開発は戦略的見地を失い、「海図なき航海」へとさまよい出ることになる。

電力自由化が進行する今だからこそ、原子力発電の位置づけを明確にしなければならない。「原発推進派」対「原発反対派」という不毛の対立を乗り越え、今後の原子力開発のあり方に関して、国民的合意を形成しなければならない。そのためには、相当踏み込んだ原子力政策の見直しが必要となる。見直しにあたっては、①9電力会社経営からの原子力発電事業の分離、②核燃料サイクル路線から使用済み燃料直接処分路線への移行、③原子力重点化政策の再検討など、これまでの原子力政

33

策とは１８０度異なる内容も、選択肢の一部として考慮に入れられるべきである。

① の9電力会社経営からの原子力発電事業の分離は、電力自由化と原子力開発との原理的背反を解消する施策である。9電力各社は、使用済み燃料処理などの面で「国策」による支援が必要不可欠な原子力発電事業を経営から切り離すことによって、私企業性を真に取り戻すことができる（そうなれば、『原子力ムラ』と呼ばれる、トップマネジメントも十分に立ち入ることができない『聖域』も、社内から消滅する）。また、原子力発電事業を9電力会社から分離し大規模な専業会社に集中することによって、原子力開発にとっての投資環境が改善される。京都議定書達成等の環境保全面からの要請やエネルギー・セキュリティ上の理由で、日本政府が原子力開発のいっそうの推進をめざすのであれば、電力自由化の枠組みの外側におかれる原子力発電専業会社に、政策的支援を集中すればよいわけである。原子力発電事業の分離は、もし、それが実行されるのであれば、9電力各社が、「9電力体制の自己拘束性[注13]」から脱却し、地域の条件に最適な系統運用を形成して、個性を再確立する作業の重要な一環となるであろう。

9電力会社のなかには、原子力発電事業の分離がアンバンドリングにつながることを懸念する声があるという。しかし、2000年の時点で、9電力会社の電源構成に占める原子力の比率は発電設備出力で21・8％、発電電力量で38・1％であり、原子力発電事業を分離しても、発送配電一貫経営の維持は十分に可能である。むしろ、アンバンドリングをもたらしかねないのは、「国策民営」の原子力事業を、9電力会社経営の内部に抱え続けた場合である。原子力事業を内部化しているがゆえに、

第3章　事故以前（2011年3月10日以前）

9電力各社が私企業性を十分に発揮できず、相互間の競争に熱心でないような状況が現出すれば、その状況を打開するため、電力自由化は、「9電力体制の突然死」を意味するアンバンドリングに行き着くかもしれないのである。

② の核燃料サイクル路線から使用済み燃料直接処分路線への移行は、核燃料サイクルの構築・運用に際して課せられる、国民や電力会社の経済的負担を軽減するねらいをもつ選択肢である。ただし、核燃料サイクル路線をとるにせよ、使用済み燃料直接処分路線をとるにせよ、地元自治体の説得や政策的資金の投入などの面で、政府が積極的に原子力発電のバックエンド問題に関与せざるをえないことには、変りがない。日本の原子力発電は「国策」がなければ成り立たない状態におかれているのである。

③ の原子力重点化政策の再検討は、電力業界の実態を反映した施策である。日本では原子力開発のペースが、1980年代後半以降、明らかにスローダウンした。この時期には、原油価格上昇リスクの軽減やCO_2（二酸化炭素）排出量の削減などの面で、原子力発電がメリットをもつことが広く認識されたにもかかわらず、原子力開発のペースダウンが深刻化した。このことは、原子力開発に力点をおく日本のエネルギー政策全体の見直しが求められていることを、強く示唆している。

・・・・・・・・・・・・・・・・・・・・・・・・・・・・・・・・・・

つまり、筆者は、文献（1）を発表した2004年の時点で、原子力発電に関して、

① 9電力会社経営からの原子力発電事業の分離、

② 核燃料サイクル路線から使用済み燃料直接処分路線への移行、
③ 原子力重点化政策の再検討、

という3点を提言したわけである。

その後、文献（3）を発表した2008年の時点で、筆者は、②の提言を、「使用済み核燃料の再処理（リサイクル）路線と直接処分（ワンススルー）路線との併用[注14]」と改めた。これは、日本原燃が青森県六ヶ所村で建設中の使用済み核燃料の再処理工場において2006年3月にアクティブ試験を開始したため、技術的にみて後戻りすることがきわめて困難になり、核燃料サイクル路線の廃止という選択肢の現実性が大きく後退したことを反映したものである。なお、同じく2008年に、③の提言についても、電力会社の「原子力依存度をkWhベースで40%以下に抑えるべきではないか[注15]」と、表現を具体化した。

したがって、福島第一原発事故以前の時点における筆者の原子力発電のあり方についての筆者の提言は、

(1) 9電力会社経営からの原子力発電事業の分離、
(2) 使用済み核燃料の再処理（リサイクル）路線と直接処分（ワンススルー）路線との併用、
(3) 電力会社の原子力依存度の40%以下（kWhベース）への抑制、

という3点にまとめることができる。

第3章　事故以前（2011年3月10日以前）

【注】

9 以下、本書では、既発表文献において筆者自身が展開した議論をしばしば紹介することになるが、その際、発表時の文言を必ずしもそのまま再現するわけではなく、大意が伝わることに主眼をおいて、一部を抜粋ないし修正することもある。この作業によって、もともとの文意が変更することはないことを、念のために付言する。本書では、既発表文献にかかわる情報を明示してあるので、文意の変更の有無を確認することは可能である。

10 新電気事業法が施行されたのは、1965年7月のことである。

11 電源三法とは、一般電気事業者に対して目的税である電源開発促進税を課す「電源開発促進税法」、その税収入で電源開発促進対策特別会計を設ける「電源開発促進対策特別会計法」、および同会計から指定された自治体に対して公共用施設の整備に充当する交付金を支給する「発電用施設周辺地域整備法」の、三つの法律のことである。電源三法は、1974年6月に公布され、同年10月に施行された。

12 間庭正弘「自由化検証で原子力論議が活発化」（『電気新聞』2002年2月14日付）。

13 「9電力体制の自己拘束性」とは、9電力各社が横並び的な経営行動をとり、個性を喪失している状況を示す言葉である。

14 橘川武郎「日本の原子力発電──その歴史と課題」（一橋大学『一橋商学論叢』Vol.3 No.1、2008年）32頁。

15 同前32頁。

第4章 事故直後（2011年3月11日〜2011年10月2日）

1 事実経過

本書の以下の章では、応用経営史の手法を現実の社会的テーマに適用した事例として、2011年3月の東京電力・福島第一原子力発電所事故を契機に大きな社会的課題として浮上した電力改革・原子力改革にかかわる筆者の言動を振り返る。その際、①事故直後の2011年3月11日〜同年10月2日、②民主党政権下の2011年10月3日〜2012年12月25日、③自由民主党（以下、自民党）政権下の2012年12月26日〜執筆時点（2015年10月末）、という三つの時期に区分して叙述を進める。①の時期も民主党政権の時代であったが、事故直後の緊急対応が求められていた特別な時期であり、②の時期と区別することにした。①と②を分ける画期は、2011年10月3日の総合資源エネルギー調査会基本問題委員会の発足である。

①の時期については本章（第4章）で、②の時期については第5章で、③の時期については第6章で、順を追って取り扱う。各章では、第1節で事実経過を概観し、第2節で筆者の発表文献を紹介し

第4章　事故直後（2011年3月11日〜2011年10月2日）

たのち、応用経営史の作業手順にもとづき、第3節で歴史的文脈の解明、第4節で問題の本質の特定、第5節で問題解決の原動力となる発展のダイナミズムの発見、第6節で問題解決の道筋の具体的提示、にそれぞれ取り組む。

それでは、まず、①の時期（事故直後の2011年3月11日〜同年10月2日）の事実経過に目を向けよう。

2011年3月11日14時46分、宮城県牡鹿半島の東南東沖130kmを震源地とするマグニチュード9.0の東北地方太平洋沖地震が発生し、震動と津波の両者により、空前の被害をもたらした。

この東日本大震災による被害は、2015年9月10日時点での調査によれば、死者・行方不明者1万8465人、建物の全半壊39万9767戸に及んだ。

東日本大震災は、東京電力・福島第一原子力発電所の事故をともなった点でも、稀有な災害であった。全電源喪失の状態に陥った福島第一原発では、1、3号機が水素爆発、2号機が原子炉圧力容器破損、4号機が3号機からの水素流入による建屋破損を起こし、大量の放射性物質を外部に放出した。福島第一原発事故は、原子力施設の事故・故障等の事象を評価する国際原子力事象評価尺度（INES：International Nuclear Event Scale）で、史上最悪と言われる1986年のチェルノブイリ原子力発電所（旧ソ連）事故と並ぶレベル7（「深刻な事故」）と評価され、本書を執筆している2015年10月になっても最終的な収束のめどは立っていない。

東京電力・福島第一原子力発電所の事故は、わが国における原子力政策、さらには電力政策をめぐ

第Ⅱ部　福島第一原発事故後の電力改革・原子力改革への応用経営史の適用

る状況を完全に一変させた。福島第一原発だけで、6基の原子力プラントが廃炉になることが確定した。もはや、2030年までに原子力発電依存度を53％にまで引き上げるとした2010年策定のエネルギー基本計画（第3次エネルギー基本計画）の方針が破綻したことは、誰の目にも明らかであった。

新しい原子力政策・電力政策の方向性を検討するため、菅直人内閣の海江田万里経済産業大臣は、2011年5月12日に「今後のエネルギー政策に関する有識者会議」を発足させた。この会議の座長は有馬朗人東京大学名誉教授であり、筆者も7人の委員の一人として参加した。

一方で、菅内閣は、近未来に大規模地震が発生する確率が高い中部電力・浜岡原子力発電所の運転を停止することを要請し、2011年5月14日、同発電所は運転を停止することになった。以後、全国の原子力発電所は、定期検査を迎えると順次運転を停止することを突如打ち出した。菅首相は、同年7月6日、ストレステストの実施を原発再稼働の前提条件とする方針を、突如打ち出した。

2011年8月26日、再生可能エネルギー特別措置法が成立した。この法律にもとづき、2012年7月1日から、再生可能エネルギーに関する固定価格買取制度（FIT：Feed in Tariff）が実施されることになった。

菅内閣は、再生可能エネルギー特別措置法の成立を一つの置き土産にして、退陣することになった。代って、2011年9月2日に、同じ民主党の野田佳彦を総理大臣とする新内閣が発足した。野田内閣は、2011年10月3日、エネルギー政策の基本方針について審議するため、総合資源エネル

第4章 事故直後（2011年3月11日〜2011年10月2日）

2 文献のリスト

事故直後の2011年3月11日〜同年10月2日の時期に、筆者（橘川）が発表した文献のリストは、以下のとおりである。

（4）「なぜ松永安左エ門は2度敗北したか」一橋大学イノベーション研究センター編『一橋ビジネスレビュー』2011年SPR.（58巻4号）、東洋経済新報社、2011年3月24日。

（5）「フクシマ50が奇跡を起こす」『電気新聞』2011年3月24日付。

（6）「原子力政策は見直され電力再編につながる」『週刊ダイヤモンド』2011年4月2日号。

（7）「需要ピークの夏場に計画停電再開へ」『週刊エコノミスト』2011年4月5日特大号、毎日新聞社、27-29頁。

（8）「もしも『日本の原発』がすべてストップしたら」『プレジデント』2011年4月18日号。

（9）「原発の危険性と必要性を直視した冷静な議論を」『週刊エコノミスト』2011年4月19日特大号。

（10）「低炭素社会実現の主役＝原子力発電はどうなるか」日本電気協会『電気協会報』2011

（11）「エネ政策への影響　原子力全廃あり得ぬ」『電気新聞』2011年5月9日付、1面。【インタビュー】。

（12）「9電力体制60年、問われる真価」『電気新聞』2011年5月12日付。

（13）「木川田一隆と土光敏夫―志と責任感を持った人間力あふれる経営者―」佐々木聡編『日本の企業家群像Ⅲ』丸善、2011年5月30日。

（14）「原子力発電事業の『分離国営化』は視野へ」『月刊リベラルタイム』2011年7月号、2011年6月3日。

（15）「国家管理は一時的」「やさしい経済学　日本の電力　民営の成り立ち①」『日本経済新聞』2011年6月3日付。

（16）「的を絞った節電が大切」「節電で乗り切ろう　夏の電力不足」『東京新聞』2011年6月5日。

（17）「定期検査中の原子力発電所のドミノ倒し的停止を回避し、今後の電力供給不安と『日本沈没』を避けるために―福井県の4月19日付『要望書』と原子力安全・保安院の5月6日付発表の比較検討―」、東京大学社会科学研究所ホームページ「希望学プロジェクト」(http://project.iss.u-tokyo.ac.jp/hope/images/201106-energy.pdf)、2011年6月5日。【緊急提言】。

第4章　事故直後（2011年3月11日～2011年10月2日）

(18)「電力民営化は、需要家第一の信念から生まれた」PHP研究所『歴史街道』2011年7月号、2011年6月6日。
(19)「他社領域に進出」「やさしい経済学　日本の電力　民営の成り立ち②」『日本経済新聞』2011年6月6日付。
(20)「書評―郭四志著『中国エネルギー事情』」『週刊エコノミスト』2011年6月7日号。
(21)「国家管理の弊害」「やさしい経済学　日本の電力　民営の成り立ち③」『日本経済新聞』2011年6月7日付。
(22)「松永案が実現」「やさしい経済学　日本の電力　民営の成り立ち④」『日本経済新聞』2011年6月8日付。
(23)「9電力の黄金時代」「やさしい経済学　日本の電力　民営の成り立ち⑤」『日本経済新聞』2011年6月9日付。
(24)「石油危機が影響」「やさしい経済学　日本の電力　民営の成り立ち⑥」『日本経済新聞』2011年6月10日付。
(25)「原発の光と影」「やさしい経済学　日本の電力　民営の成り立ち⑦」『日本経済新聞』2011年6月14日付。
(26)「国策民営の矛盾」「やさしい経済学　日本の電力　民営の成り立ち⑧」『日本経済新聞』2011年6月15日付。

(27) 「残された課題」「やさしい経済学　日本の電力　民営の成り立ち⑨」『日本経済新聞』2011年6月16日付。

(28) 「希望学福井嶺南ワークショップ」『電気新聞』2011年6月22日付。

(29) 「福島第一原発事故が明らかにした日本の電力業の大問題」一橋大学イノベーション研究センター編『一橋ビジネスレビュー』2011年SUM.（59巻1号）、東洋経済新報社、2011年6月23日。【米倉誠一郎との対談】。

(30) 「日本沈没の危機！　原発の新安全基準を明示せよ」『プレジデント』2011年7月4日号。

(31) 『通商産業政策史1980—2000第10巻　資源エネルギー政策』独立行政法人経済産業研究所、2011年7月20日。

(32) 「需要家の視点も重要」『毎日新聞』2011年7月21日付夕刊。「特集ワイド　一番高い⁉原子力発電」。【インタビュー】。

(33) 「四国にみる電源ベストミックス」『電気新聞』2011年7月27日付。

(34) 「震災復興のあり方と原発問題の解決」（財）統計研究会『ECO-FORUM』Vol．28、No．1、2011年7月29日。

(35) 「"国難"克服へ　電力危機の解消急げ」『電気新聞』2011年7月29日付。「エネルギーの選択　日本の針路は1」。【インタビュー】。

第4章　事故直後（2011年3月11日〜2011年10月2日）

(36)「原子力『国策民営』方式の光と影」『外交』編集委員会『外交』（外務省発行）Vol. 8、2011年7月31日。

(37)『原子力発電をどうするか』名古屋大学出版会、2011年8月20日。

(38) "Eyeing Spinoff and Nationalization of Nuclear Power Generation Business", *Japan Echo Web*, No.7, August-September 2011, Diplomacy/Politics, August, 2011. http://www.japanechoweb.jp/diplomacy-politics/jew0703/3

(39)「2030年、それでも原発依存度は10％しか減らない」『プレジデント』2011年9月12日号。

(40)「野田政権・経済政策への注文：現実的なエネルギー政策を」『毎日新聞』2011年9月17日付。【インタビュー】。

(41)「野田内閣に望む：年内に原発再稼働を」『読売新聞』2011年9月21日付。【インタビュー】。

(42)「電力会社、内でも外でも競争ない」『日本経済新聞・電子版』2011年9月24日発信。【インタビュー】。

(43)「交付金に頼らない町づくりが必要」『読売新聞・西部版』2011年9月26日付。【インタビュー】。

(44)「電力自由化と原子力発電」吉岡斉編『『新通史』日本の科学技術第1巻』2—10、原書房、

3 歴史的文脈の解明

東京電力・福島第一原子力発電所事故直後の時期に筆者が直面したのは、「原子力発電所をどうするか」という問いであった。この問いに答えるために緊急出版したのが、上記の文献(37)である。

文献(37)およびそれに先立つ文献(25)において筆者は、原子力発電問題に関する「歴史的文脈の解明」(応用経営史の第1の作業手順)について、次のような議論を展開した。

日本において原子力発電がスタートしたのは、1950年代半ばのことである。1955年には、原子力基本法などの原子力三法が成立した。当時は、電力業の経営形態をめぐって政府と電力会社と

---

(45) 「今こそエネルギー、原子力のことを考えよう」『ENERGY for the FUTURE』2011年 No.4、ナショナルピーアール(株)、2011年9月30日、4-5、18-21頁。【枝廣淳子との対談】。

(46) 「発送電分離をめぐる議論の検証」東京市政調査会『都市問題』2011年10月号、2011年10月1日。

46

第4章　事故直後（2011年3月11日〜2011年10月2日）

のあいだに対立がみられたが、こと原子力発電に関しては、初めから官民協調が成立していた。

それから今日までの原子力発電の歩みは、

(1) 国民的期待を受けてのスタート（1955〜73年）、
(2) 原子力大規模開発と国論の分裂（1974〜85年）、
(3) 国策民営方式による調整（1986〜2002年）、
(4) 原子力ルネサンスと政策的支援（2003〜10年）、
(5) 福島第一原発事故以後（2011年〜）、

という五つの時期に分けてとらえることができる。

(1)の時期には、原子力発電が「夢のエネルギー源」として国民的期待を集めていたという、特有の事情が存在した。当時は国内炭の減退によるエネルギー自給率の低下が不安視されていたが、原料のウランを輸入するものの、それを長期にわたって使用することができる原子力は「準国産エネルギー」と考えられ、期待が高まったのである。

石油ショック直後の(2)の時期には、「脱石油の切り札」として原子力発電の必要性が高まり、数多くの原発が建設された。しかし、この時期には、原子力船「むつ」の事故やスリーマイル島原発の事故などにより、原子力利用の危険性に対する認識も高まり、原発をめぐる国論は二分されるにいたった。

1986年のチェルノブイリ原発事故は、原子力発電所の危険性を世界に示した。日本国内でも高

まった「脱原発」の声に対抗して原子力開発を進めるには、「国策」であることを前面に押し出さざるをえなくなった。(3)の時期には、国策民営方式による調整が本格化した。

(4)の時期には、石油・石炭・天然ガスなどの化石燃料の価格高騰、地球温暖化問題に対する危機感の高まりなどを背景にして、原子力発電の再評価が世界的に進んだ。技術的・経済的理由で再生可能エネルギーの普及が遅れる中で、原子力は、二酸化炭素を排出しない「最強のゼロ・エミッション電源」とみなされた。「原子力ルネサンス」が国際的潮流となったわけであるが、(5)の福島第一原発事故を契機に、その流れは変わろうとしている。

このように、原子力発電の歩みには、光と影がいく度も交錯した。原発のこれからを決めるためには、危険性と必要性の双方を直視した冷静な議論が求められる。

4 問題の本質の特定

文献(37)およびそれに先立つ文献(26)において筆者は、原子力発電をめぐる「問題の本質の特定」(応用経営史の第2の作業手順)について、次のような認識を示した。そこで強調したのは、原子力「国策民営」方式がもたらす責任の所在の不明確化であった。

第4章　事故直後（2011年3月11日〜2011年10月2日）

2011年の福島第一原子力発電所の事故が起こる以前から、日本の原子力発電事業は、民間会社によって営まれながらも、「国策」による支援（国家の介入）を必要不可欠とするという矛盾を抱えていた。

原子力発電に国家介入が必要となる事情としては、まず、立地確保の問題をあげることができる。原子力発電所の立地を円滑に進めるためには、電源三法の枠組みが無くてはならない。電源三法の枠組みとは、電気料金に含まれた電源開発促進税を政府が民間電力会社から徴収し、それを財源にした交付金を原発立地に協力する地方自治体に支給する仕組みのことである。これは、国家が市場に介入して原発立地を確保する手法であり、民間会社は、自分たちの力だけでは、そもそも原子力発電所を立地できないことを意味する。

原子力発電への国家介入を不可避にするもう一つの事情としては、使用済み核燃料の処理問題、いわゆる「バックエンド問題」がある。使用済み核燃料をリサイクル（再処理）するにせよワンススルー（直接処分）するにせよ、国家の介入は避けて通ることができない。とくに、現在の日本政府のようにリサイクル路線を採用する場合には、核不拡散政策との整合性を図ることが必要になるが、それが、市場メカニズムとは別次元の政治的・軍事的事柄であることは、言うまでもない。

これらの立地問題やバックエンド問題に加えて、福島第一原発事故は、最も重要な非常事態発生時の危機管理についても、民間電力会社だけでは対応できないことを明らかにした。自衛隊、消防、警察、そして米軍までもが福島第一原発1〜4号機の冷却のために出動せざるをえなかったことは、原

49

5 問題解決の原動力となる発展のダイナミズムの発見

現行の「国策民営方式」の大きな問題点は、原子力発電をめぐって国と民間電力会社のあいだに「もたれ合い」が生じ、両者間で責任の所在が不明確になっていることである。9電力各社は、むしろ、国策による支援が必要不可欠な原子力発電事業を経営から切り離した方が、良い意味で私企業性を取り戻し、民間活力を発揮することができるのではないか。9電力会社中最大の東京電力でさえ、いったん重大な原発事故を起こせば経営破たんの瀬戸際に立たされる現実をみれば、民間電力会社の株主（場合によっては経営者）の中から、リスクマネジメントの観点に立って、原子力発電事業を分離しようという声があがっても、けっして不思議ではない。

東京電力・福島第一原子力発電所事故直後の時期に、「問題解決の原動力となる発展のダイナミズムの発見」（応用経営史の第3の作業手順）に関連して筆者が注目したのは、福島第一原発で事故対応に当たる現場力の高さと、日本で最も多く原発が立地する福井県の当事者能力の大きさとである。

まず、福島第一原発の現場力については、東日本大震災発生から13日たった2011年3月24日、『電気新聞』の「ウェーブ 時評」欄に「フクシマ50が奇跡を起こす」と題する文章（文献（5））を

第4章　事故直後（2011年3月11日〜2011年10月2日）

寄せ、そのなかで次のように論じた。

2011年3月21日までの展開をみると、福島第一事故とアメリカのスリーマイル島事故、あるいは旧ソ連のチェルノブイリ発電所事故とのあいだには、大きな違いがあることに気づく。それは、スリーマイル島やチェルノブイリの場合には運転員の人為的ミスが事故の拡大につながったのに対して、福島第一の場合には事故発生後の現場における運転員・作業員の奮闘ぶりが目立つことである。

2011年3月15日付の米紙『ニューヨークタイムズ』電子版は、福島第一原発の現場にとどまって危機回避の作業を続ける東京電力等の約50人の作業員にスポットを当て、「最後の砦」を守る無名の勇者として称賛した。米国ABCテレビも、「福島の英雄50人」と報じた。その後、欧米メディアのあいだでは同様の報道が相次ぎ、インターネット上の交信も含めて、敬意を込めた「フクシマ50」という呼称が、あっと言う間に世界に広がった。

実際の福島第一の現場では、1人当たりの放射線被ばく量を抑制するため、時間を限って交代で作業が行われており、奮闘している人々の数は50人をはるかに上回ると聞く。その意味では、「フクシマ50」という呼称は不正確であるかもしれない。しかし、そんなことはどうでも良い。東京電力だけでなく、東電工業や東電環境エンジニアリングなどの関係会社・協力会社、東芝や日立製作所などのメーカー等から集った「勇者たち」が、事故の被害を最小限におさえるために文字通り生命を賭けて戦っているのは、紛れもない事実だからである。そして、その隊列には、自衛隊員や消防士、機動隊

51

第Ⅱ部　福島第一原発事故後の電力改革・原子力改革への応用経営史の適用

員の方々も加わっている。

日本に電気事業が生まれてから2011年で128年。いつでもどこでも電気が使えるという今日の便利さは、電気人たちの営々たる努力によって作り上げられてきた。電力ネットワークを建設し、保守しているのは、数えられないほど多くの電気人たちである。原子力・火力・水力発電所の現場で、高所の送電線で、大都市の地下系統で、需要家の家庭や店頭で、そしてその他様々な現場で活躍する人々の連携なくしては、電力ネットワーク自体が、そもそも成り立ちえない。その意味で「電気は人なり」なのであり、それを、現瞬間において最も献身的な形で体現しているのが、「フクシマ50」の英雄たちなのである。

「戦後最大の国難」と言われる東日本大震災に連動して始まった福島第一原子力発電所の危機は、現在も継続中である。一進一退の予断を許さない状況が続いている。現場に立たない者の身勝手さを指弾されれば抗弁のしようもないが、それでも敢えて言わせていただきたい。「フクシマ50」の英雄たちは奇跡を起こし、この国難を乗り越える突破口を開くだろう。電気人の意地が、彼らを福島第一の現場に踏みとどまらせた。そして、最終的には、電気人の意地が福島第一の危機を救う。そうなることを願ってやまない。

・・・・・・・・・・・・・・・・・・・・・・・・・・・・・・・・・・・

次に、福井県の当事者能力については、2011年6月5日、東京大学社会科学研究所ホームページ「希望学プロジェクト」欄に、「定期検査中の原子力発電所のドミノ倒し的停止を回避し、今後の

52

第4章　事故直後（2011年3月11日〜2011年10月2日）

電力供給不安と『日本沈没』を避けるために──福井県の4月19日付『要望書』と原子力安全・保安院の5月6日付発表の比較検討──」と題する緊急提言（文献（17））を載せ、次のように述べた。

【日本経済が直面する危機】

東日本大震災およびそれと同時に発生した福島第一原子力発電所の事故は、今、日本経済を深刻な危機に陥れている。それは、東北地方太平洋沖地震の発生 ⇨ 東京電力・福島第一原子力発電所の事故 ⇨ 中部電力・浜岡原子力発電所の運転停止 ⇨ 定期検査中の原発のドミノ倒し的運転中止 ⇨ 電力供給不安の高まり ⇨ 高付加価値工場の海外移転 ⇨ 産業空洞化による日本経済沈没、という連鎖が発生し、日本経済が沈んでゆく危機である。

2011年3月11日の東北地方太平洋沖地震により、11基の原子力発電所が運転を停止した。それとは別に、5月末時点で、定期検査中でストップしている原発が18基ある。このほか福島第一原発4〜6号機、浜岡原発3号機など6基も地震発生時に停止中だったのであり、その後、菅直人首相の強い要請によって、浜岡原発4、5号機もストップした。5月末時点で運転されている原発は、基数でも出力でも日本全体の3分の1以下の17基、1549万3000kWだけである（日本全体の原発は54基、4896万kW）。

現在、原発が立地する各県の知事は、定期検査終了後も、明確な新しい安全基準が示されない限り原発運転の再開を認めるわけにはゆかないという姿勢をとっている。地元住民の安全を考えれば、

第Ⅱ部　福島第一原発事故後の電力改革・原子力改革への応用経営史の適用

当然の措置である。また、わが国では、13ヵ月ごとに原発が定期検査にはいるため、このままでは、2012年5月にすべての原発がストップすることになる。

日本の電源構成の約3割を占める原子力発電が全面停止することになれば、当然のことながら、電力の供給不安が広がる。ここで見落としてはならない点は、今夏ないし来夏にたとえ停電が回避されたとしても、電力供給不安が存在するだけで、電力を大量に消費する工程、半導体を製造するクリーンルーム、常時温度調整を必要とするバイオ工程、瞬間停電も許されないコンピュータ制御工程等々を有する工場の日本での操業が、リスクマネジメント上、困難になることだ。これらの工場は、高付加価値製品を製造している場合が多く、日本経済の文字通りの「心臓部」に当たる。それらが海外移転することによって生じる産業空洞化は、「日本沈没」に直結するほどの破壊力をもつ。

問題を複雑にしているのは、先に示した「日本経済沈没」への連鎖をつなぐ矢印のうちのいくつかが、合理的判断や「善意」にもとづくものである点だ。福島第一原発事故をふまえて浜岡原発を一時的に停止するという菅首相の判断は、手続きには問題を残したものの、一応、国民の支持を獲得した。その浜岡原発停止をふまえて、地元原発の定期検査明け運転再開に慎重姿勢をとる各県知事の考えも、理解できる。また、電力供給不安に直面して生産拠点を海外へ移す動きも、企業経営者としては、当然のことであろう。このように一つ一つの矢印は善意にもとづいていても、それがつながってしまうと、「日本沈没」の最悪シナリオが現実化しかねない。まさに、「地獄への道は善意で敷き詰められている」のである。

54

第4章　事故直後（2011年3月11日〜2011年10月2日）

「日本沈没」へつながる連鎖を断ち切るうえで鍵を握るのは、「中部電力・浜岡原子力発電所の運転停止⇨定期検査中の原発のドミノ倒し的運転中止」の矢印を外すことである。そのためには、国がただちに、原発の地元住民と立地県知事が納得できるような、厳格でわかりやすい安全基準を明示する必要がある。

それでは、「原発の地元住民と立地県知事が納得できるような、厳格でわかりやすい安全基準」とは、どのようなものか。本稿では、この点を具体的に明らかにするために、福井県が2011年4月19日付で海江田万里経済産業大臣に提出した「要請書」と、原子力安全・保安院が2011年5月6日に発表した「福島第一原子力発電所事故を踏まえた他の発電所の緊急安全対策の実施状況の確認結果について」とを、比較検討する。（中略）

【緊急に実施すべき事項】に関する齟齬

「緊急に実施すべき事項」に関しては、福井県の2011年4月19日付「要請書」と、原子力安全・保安院の2011年5月6日付発表とのあいだに、

(1) 福井県の「要請書」が求めた定期検査における「安全上重要な機器の特別点検」について、原子力安全・保安院の発表が言及していないこと、

(2) 福井県の「要請書」が求めた定期検査における「使用済燃料貯蔵プールの監視設備の改善」について、原子力安全・保安院の発表が言及していないこと、

55

第Ⅱ部　福島第一原発事故後の電力改革・原子力改革への応用経営史の適用

という二つの点で、齟齬が存在する。

福井県は、(1)の「安全上重要な機器」の事例として、緊急炉心冷却装置と使用済燃料貯蔵プールをあげ、前者に関しては「格納容器スプレイリングの健全性確認など」、後者に関しては「冷却ポンプの分解点検など」の特別点検を、「現在または直近の定期検査において実施し」、健全性を確認することを求めている。また、福井県は、(2)の「使用済燃料貯蔵プールの監視設備の改善」に関して、「水位計、温度計の電源が非常用発電機から確保できるよう設備改善を実施すること」、および「水位の監視手段を多様化するため、中央制御室で監視できる監視カメラを設置すること」を要請している。

これらの要請に対して、原子力安全・保安院の2011年5月6日付発表は言及していないのである。

【「応急・短期的に実施すべき事項」に関する齟齬】

「応急・短期的に実施すべき事項」とは、実現に1〜3年程度の時間がかかる事柄のことである。

「緊急に実施すべき事項」に比べて、「応急・短期的に実施すべき事項」の方が、福井県の2011年4月19日付「要請書」と原子力安全・保安院の2011年5月6日付発表とのあいだの齟齬が大きい。

まず、

(3) 福井県の「要請書」が求めた「送電鉄塔の建て替えなど送電線の信頼性向上対策」について、原子力安全・保安院の発表が言及していないこと、

(4) 福井県の「要請書」が求めた「発電所の開閉所、変電所などの設備の地震・津波対策」につい

56

第4章　事故直後（2011年3月11日〜2011年10月2日）

て、原子力・保安院の発表が言及していないこと、

(5) 福井県の「要請書」が求めた「耐震評価に基づき、使用済燃料貯蔵プール、燃料取扱建屋など について、必要な耐震補強を行うこと」について、原子力安全・保安院の発表が言及していないこと、

という3点が、問題になる。また、

(6) 福井県の「要請書」が求めた「個別プラントごとの想定すべき津波の高さを見直し、これに対する防護体制（水密扉の設置、海水ポンプの防水壁の設置、防潮堤の設置など）を整備すること」について、原子力安全・保安院の発表は「津波対策として、より高い津波を考慮して、建屋への浸水対策の強化、海岸部の防潮堤等の設置・強化、建屋・屋外機器等周辺への防潮壁等の設置等を行うことが計画されていること」と言及しているが、その内容が曖昧であること、も重大な齟齬である。この(6)に関しては、原子力安全・保安院の「計画されていること」という表現が曖昧である点だけでなく、福井県が求めた「個別プラントごとの想定すべき津波の高さの見直し」について、原子力安全・保安院がそれに言及せず、全国一律の対応を打ち出した点も問題である。原子力安全・保安院は、福島第一原発で想定値（土木学会による津波の高さの評価値）の5・5mを9・5m上回る15mの高さの津波が来襲したことをふまえ、全国の原子力発電プラントに想定値を9・5m引き上げるよう指示した。しかし、このような全国一律の対応は、「個別プラントごとの想定すべき津波の高さの見直し」を求める原発立地各県の声とは異なるものであり、むしろ、国の原子

力安全行政に対する不信感を高めることにつながった。

【「今回の事故の知見の反映」に関する齟齬】

「今回の事故（沸騰水型）の知見の反映」に関する、福井県の２０１１年４月１９日付「要請書」と原子力安全・保安院の発表とのあいだの齟齬も、小さなものではない。この点では、

(7) 福井県の「要請書」が求めた「今回の事故原因の究明によって得られる新たな知見については、速やかに他の発電所の安全確保対策に反映すること」について、原子力安全・保安院は、5月6日の発表で「福島第一原子力発電所事故に関する知見につては、今後検証する」とし たのち、5月24日に福島第一原発のプラント状況に関する評価を発表したが、その内容が福井県の要請に十分に応えるものではないこと、

が問題である。

福井県は、「今回の事故の知見の反映」に関して、

・「今回の事故では、緊急時に炉心を冷却する非常用復水器への水補給ができなかったと推察されるが、その原因を明らかにし、今後の安全対策に反映すること」、

・「何が原因となって各号機の被害の状況に違いが生じたのかを明らかにし、高経年化による機器の劣化が影響していたかどうかなど、それらの知見を高経年化プラントの安全対策に反映すること」、

と」、

58

第4章 事故直後（2011年3月11日〜2011年10月2日）

【まとめ】

ここまで見てきたように、福井県の2011年4月19日付「要請書」と、原子力安全・保安院の2011年5月6日付発表とのあいだには、(1)〜(7)の齟齬が存在する。すでに指摘したように、定検中原発のドミノ倒し的運転停止を回避し、日本経済が直面する電力供給不安による産業空洞化という危機を避けるためには、原子力発電に関する厳格でわかりやすい安全基準を明示することが喫緊の課題である。その安全基準の具体的な内容は、本稿で明らかにした(1)〜(7)の齟齬を解消する作業を通じて、導くことができるだろう。

関係者各位がこれらの齟齬の解消を一刻も早く実現し、現在、日本経済を覆っている暗雲が可及的速やかに取り除かれることを切に願うものである。

の2点を、とくに重視している。しかし、原子力安全・保安院の2011年5月24日の発表（福島第一原発のプラント状況に関する評価）は、この2点に正面から応えるものとはなっていない。また、原子力安全・保安院の5月24日の発表は、5月16日と23日に行われた東京電力の報告をふまえたものであり、23日の東京電力の報告と24日の原子力安全・保安院の発表とのあいだにわずか1日しか期間がなかったことも、国の原子力安全行政に対する福井県の不信感を高めることになったと推察される。

59

第Ⅱ部　福島第一原発事故後の電力改革・原子力改革への応用経営史の適用

【個人的見解】

以下は、あくまで個人的見解である。

(1)～(7)の齟齬を解消するためには、まず、(7)の齟齬を取り除くことから始め、原子力安全・保安院が、福島第一原発事故を通じて得られた知見を、いま一度まとめて発表する必要がある。そこでは、非常用復水器への水補給がなぜ行われなかったか、高経年化による機器の劣化が影響していたか否かなどについて、現時点での原子力安全・保安院の見解発表がきちんとした形で行われるならば、(1)～(6)の齟齬を一つ一つ解消するという、次の作業に進むことができる。

これらの作業を進める過程では、福島第一原発事故の教訓をふまえた新しい原発安全基準のあり方、基本原則が問題になるだろう。その基本原則の中身は、①立地地域ごとに有史以来最大の地震・津波を想定し、それに耐えうるものとする（最大限基準）、②地震学・津波学等の世界でより厳しい新たな知見が得られた場合には、それを想定へ反映させる（更新基準）、という2点の組合せを骨格とすべきであろう。また、事故発生後最初に水素爆発を起こした福島第一原発1号機が運転開始後40年を経た高経年炉であった事実をふまえるならば、同じく運転開始後40年以上を経過した他の2基の原発（日本原子力発電の敦賀原発1号機と関西電力の美浜原発1号機）をはじめ、高経年炉については、少なくとも事故調査委員会の精査が終わるまでのあいだは、運転を凍結することを検討した方が良いかもしれない。

60

第4章　事故直後（2011年3月11日〜2011年10月2日）

筆者がこの緊急提言を東京大学社会科学研究所ホームページ「希望学プロジェクト」欄に掲載したのは、同研究所に在籍していた2006年当時に始まった東京大学社会科学研究所玄田有史教授をリーダーとする「希望学プロジェクト」に、今日まで一貫して参加しているからである。「希望学」とは、「希望を社会科学する」を合言葉に、希望と社会との相互関係を考察しようとする、新しい学問のことである。従来の社会科学の多くの分野では、個人が希望を保有していることを前提に、その希望を実現すべく行動することを、社会行動分析の基本的な視座としてきた。経済学や経営学は豊かになりたいという個々人の希望を、法学や政治学は権利を大切にしたいという個々人の希望を、それぞれ前提としてきたと言える。しかし、現代社会、とくに最近の日本では、希望は与件であるという前提自体が崩れつつあるように見える。「希望学」は、この「社会科学の危機」とも言える現象に正面からメスを入れ、個々人の希望のあり方の実態を解明しようとしているのである。

希望学は社会的注目を集めているが、その背景には、日本社会で種々の格差が拡大し、将来へ向けての希望が失われつつあるという、厳しい現実が存在する。格差は、個人間、所得階層間、地域間、産業間、企業間など、さまざまなレベルで広がりをみせている。これらの格差について「希望学プロジェクト」は幅広く調査・分析を進めているが、地域間格差に関していえば、プロジェクト全体の重要な柱の一つとして、2006年から釜石市調査、2009年から福井県調査を進めている。筆者は、釜石市調査においては地域経済活性化とスマートコミュニティ構築を、福井県調査においては「原発

61

第Ⅱ部　福島第一原発事故後の電力改革・原子力改革への応用経営史の適用

銀座」と呼ばれる嶺南地域のエネルギー産業改革を、それぞれ担当している。

6　問題解決の道筋の具体的提示

東京電力・福島第一原子力発電所事故直後の時期に筆者は、文献(37)において、原子力発電をめぐる「問題解決の道筋の具体的提示」(応用経営史の第4の作業手順)について、次のように発言した。

福島第一原発事故以前の時点における原子力発電のあり方についての筆者の提言は、

(1) 9電力会社経営からの原子力発電事業の分離、
(2) 使用済み核燃料の再処理(リサイクル)路線と直接処分(ワンススルー)路線との併用、
(3) 電力会社の原子力依存度の40%以下(kwhベース)への抑制、

という3点にまとめることができると述べた。これら(1)〜(3)の提言は、福島第一原発事故以後の現在の時点においても、有用なものである。ただし、福島第一原発事故を経て、わが国の原発に問われている課題はさらに広がったし、(3)の提言については内容をより具体化することが求められるにいたった。

以下では、原発に問われている課題を短期的なものと中長期的なものとに分けて列記したうえで、今後の日本の電源構成に占める原発のウェートについても改めて論及する。

日本の原子力発電所のあり方にかかわる短期的な課題として、まず重要な点は、福島第一原発事故

62

第4章　事故直後（2011年3月11日〜2011年10月2日）

の教訓をふまえた新しい原発安全基準を、誰の目にもわかりやすい形で確立することである。新しい安全基準の基本原則は、①立地地域ごとに有史以来最大の地震・津波を想定し、それに耐えうるものとする（最大限基準）、②地震学・津波学等の世界でより厳しい新たな知見が得られた場合には、それを想定へ反映させる（更新基準）、という2点の組合せとすべきであろう。また、運転開始後40年以上を経過した日本原子力発電の敦賀原発1号機や関西電力の美浜原発1号機など、高経年炉については、少なくとも事故調査委員会の精査が終わるまでのあいだは、運転を凍結することを検討した方が良いかもしれない。

短期的な課題の二つ目は、原子力安全・保安院を経済産業省から分離して、原子力安全行政の独立を図ることである。独立後の原子力安全・保安院については、原子力安全委員会との統合などによって、機能を強化する必要がある。また、原子力安全・保安院ないし原子力安全委員会のメンバーに原発立地自治体の代表が加わることも、検討すべきであろう。

日本の原子力発電のあり方にかかわる中長期的な課題として第1にあげるべきは、9電力会社の経営から原子力発電事業を分離することである。この分離は、原子力発電をめぐって国と民間電力会社のあいだに「もたれ合い」を生じさせる「国策民営方式」の矛盾を解消する意味合いをもつ。分離に当たっては、原子力発電に対する国の責任を明確にすることが重要であり、直接的な国営のほかにも、日本原子力発電（株）の活用、官民合同会社の新設などの方法が考えられる。加圧水型原子炉と比べて問題が集中的に発生している沸騰水型原子炉を使用する電力会社（東北電力・東京電力・中部

63

第Ⅱ部　福島第一原発事故後の電力改革・原子力改革への応用経営史の適用

電力・北陸電力・中国電力）において、原子力発電事業の分離を先行的に実施するという方策も、考慮に値する。

第2の中長期的な課題は、バックエンド問題について、使用済み核燃料の再処理（リサイクル）路線一本槍を改め、直接処分（ワンススルー）路線との併用を図ることである。直接処分路線を導入することは、使用済み核燃料の絶対量に制約を課すことを通じて、原発依存度を低下させることにつながる。

第3の中長期的な課題は、電源開発促進税の地方移管、具体的には原発立地自治体への移管を実現することである。これまで、原発の運営については、基本的に国と電気事業者に一任されてきたため、原発立地自治体が原発運営に対しステークホルダーとしてきちんと関与する機会は与えられてこなかった。地元住民の安全に直接的な責任をもつ原発立地自治体が、電源開発促進税を主管し、原子力安全行政に参画することは、原発運営にステークホルダーとして関与することを意味する。電源開発促進税の地方移管に際しては、原発の運転が停止した場合には、いつでも原発の運転を停止できるようにすることが重要である。この電源開発促進税の地方移管は、同税の一部が国の一般会計に繰り入れられている現状をふまえると、その繰入れをなくすことから、電気料金の低下につながる可能性が高い。

日本の原子力発電に問われている課題はおよそ以上のとおりであるが、それでは今後、原発は、日

64

第 4 章　事故直後（2011 年 3 月 11 日〜 2011 年 10 月 2 日）

本の電源構成においてどれくらいのウェートを占めることになるのだろうか。この問いへの答えを導く際には、そのウェートを決めるのは、原発自身ではなく、①再生可能エネルギーを利用する発電の普及の度合い、②省エネルギーによる節電の進展の度合い、③IGCC（石炭ガス化複合発電）、IGFC（石炭ガス化燃料電池複合発電）、CCS（二酸化炭素回収・貯留）などによる火力発電のゼロ・エミッション化の進行の度合い、という三つの要素であることを忘れてはならない。

最大限の努力を払えば、2030年の日本において、電源構成面での再生可能エネルギー利用発電のウェートを30％にすること、省エネルギーによる節電によって予定水準より10％ほど電力使用量を削減すること（別言すれば、電源構成に「第4の電源」として、省エネルギーによる節電の10％分を算入すること）は、可能かもしれない。そのうえで、ゼロ・エミッション化がある程度進行した火力発電のウェートを40％と仮定すると、原子力発電のウェートは20％になる。

2010年に策定された現行の「エネルギー基本計画」では、2030年の日本の電源構成における原子力発電のウェートが、50％超と想定されている。それが、半分以下の20％にまで低下するわけである。日本のエネルギー政策は、東京電力・福島第一原子力発電所の事故を契機にして、「原発依存」路線から「脱原発依存」路線へ、大きく舵を切ったと言うことができる。

65

【注】

16 ストレステストとは健全性審査のことであり、既設の発電用原子炉施設の安全性に関する総合的評価のことである。ストレステスト自体は、原発の非常事態に対する余裕度を測るものであり、原発の安全性向上(危険性の最小化)に資する有意義なものである。しかし、ここで見落としてならない点は、ストレステストが、定期検査あけ原発の運転再開とは直接関係しない(別言すれば、定期検査あけ原発の運転再開の前提条件とすべきではない)事柄だということである。その点は、福島第一原発事故を受け日本に先がけて2011年6月1日にストレステストを開始したヨーロッパ諸国が、原子力発電所を稼動させながら、コンピュータを使ってストレステストを実施したことからも明らかである。

17 原子力三法は、自主・民主・公開を3原則とするものであり、「原子力基本法」、「原子力委員会設置法」、「総理府設置法の一部を改正する法律」(原子力局の新設)からなっていた。

第5章　民主党政権時代（2011年10月3日〜2012年12月25日）

1　事実経過

本章では、民主党政権下の2011年10月3日〜2012年12月25日の時期を振り返る。まず、事実経過を確認しておこう。

2011年10月3日、野田内閣の枝野幸男経済産業大臣の諮問を受けて、「総合資源エネルギー調査会基本問題委員会」が、原子力政策・電力政策を含む新しいエネルギー政策の方向性を検討するため、審議を開始した。この会議の委員長は三村明夫新日本製鐵（株）会長であり、筆者も発足時25人だった委員の一人として参加した。

この基本問題委員会は、2030年の原子力発電比率について、0％、15％、20〜25％とする三つの案を示し、2012年夏には、国民的な議論を呼びかけた。注18 しかし、民主党政権の終了とともに役割を終え、中間的ないし最終的な報告書をまとめることはなかった。

2012年4月27日、東京電力と原子力損害賠償支援機構は、注19 東京電力の今後の経営のあり方を示

第Ⅱ部　福島第一原発事故後の電力改革・原子力改革への応用経営史の適用

した「総合特別事業計画」を、枝野経済産業大臣に提出した。この計画には、1兆円規模の公的資金による資本注入を通じて東京電力を実質国有化することが盛り込まれており、そのままの形で実施された。

2012年5月5日、日本国内で唯一稼働していた原子力発電所である北海道電力・泊3号機が、定期検査のため、運転を停止した。この結果、1970年以来42年ぶりに「原発ゼロ」の状況が現出した。

2012年6月27日、原子炉等規制法の改正が公布された。この法改正により、原子力発電所については、運転開始から40年経った時点で廃炉とすることが原則とされ、特別な条件を満たした場合だけ1度に限ってプラス20年、つまり60年経過時点まで運転が認められることになった。また、あわせて、最新の技術的知見を取り入れ、すでに許可を得た原子力施設にも最新の規制基準への適合を義務づける、バックフィット制度の導入も決まった。

野田内閣は、ストレステスト実施を理由にして原子力発電所の再稼働にストップをかけた、前政権（菅内閣）の方針を踏襲しなかった。夏の需要ピーク時における電力不足のおそれを解消することを主要な理由として、野田内閣は、関西電力・大飯3、4号機の再稼働を認める決定を下した。その結果、2012年7月5日には大飯3号機が、同年7月21日には大飯4号機が、それぞれ運転を再開した。

2012年9月18日、経済産業省資源エネルギー庁内の原子力規制部局であった原子力安全・保

68

第5章　民主党政権時代（2011年10月3日～2012年12月25日）

安院が廃止された。この措置の背景には、東京電力・福島第一原子力発電所の事故以来、原子力発電の推進部局と規制部局が同じ経済産業省資源エネルギー庁に所属していることは問題だとする声が高まった、という事情があった。翌9月19日には、原子力安全委員会も廃止された。代わって同じ2012年9月19日には、新しい原子力安全規制行政の担い手である原子力規制委員会が環境省の外局として発足し、同委員会の事務局として原子力規制庁が設置された。原子力規制委員会は、独立性の高い3条委員会[注20]として発足した。

野田内閣は、2012年9月14日、「革新的エネルギー・環境戦略」を策定し、そのなかで「2030年代原発ゼロをめざす」という方針を打ち出した。これは、総選挙（衆議院議員選挙）が近づいているという政治情勢のもと、自民党との違いを明確にしたいという民主党の意向を反映したものであった。ただし、この「30年代原発ゼロ方針」は閣議決定にはいたらず、むしろ、発表直後に中国電力・島根3号機と電源開発（株）・大間原発の建設工事が再開するという、国民にとってわかりづらい状況が生じた。

2012年12月16日に総選挙が行われ、自民党が圧勝し、民主党は敗北した。その結果、民主党主導政権から自民党主導政権への政権交代が生じ、同年12月26日に第2次安倍晋三内閣が発足した。

第Ⅱ部　福島第一原発事故後の電力改革・原子力改革への応用経営史の適用

2　文献のリスト

民主党政権下の2011年10月3日～2012年12月25日の時期に、筆者（橘川）が発表した文献のリストは、以下のとおりである。

(47)「書評―石井彰著『脱原発。天然ガス発電へ』」『週刊金融財政事情』2011年10月3日号。

(48)「北陸電力の歩み」『OHM』2011年10月号、2011年10月5日。

(49)「家庭含め小売り自由化拡大」「エネルギー政策を聞く㊤」『日本経済新聞』2011年10月7日付。【インタビュー】。

(50)「大転換する日本のエネルギー政策の進路」『週刊エコノミスト臨時増刊エネルギー大転換』2011年10月10日号。

(51)「福島第一原発事故後の日本のエネルギー政策」電機連合総合研究企画室『電機連合NAVI』2011年9・10月号（通巻39号）、2011年10月12日。

(52)「電力会社同士で競争せよ」『WEDGE』2011年11月号（2011年10月20日）。【インタビュー】。

(53)「原子力は過渡的『必要悪』」「明日のエネルギーのために」『高知新聞』2011年10月22

第5章　民主党政権時代（2011年10月3日～2012年12月25日）

(54)「祖谷渓でのユニバーサルサービス」『電気新聞』2011年10月25日付。
(55)「福島第一原発事故後のエネルギー政策と日本経済」燃料電池開発情報センター『燃料電池』Vol.11, No.2（2011年秋号）、2011年10月30日。
(56)「エネルギー政策に求められる3つの視点」石油学会編『PETROTECH（ペトロテック）』2011年11月号（第34巻第11号）、2011年11月1日。
(57)『東京電力　失敗の本質』東洋経済新報社、2011年11月10日。
(58)「政治のパワーゲームを懸念」「東京電力　再構築の道標　識者の見方」『電気新聞』2011年11月24日付。
(59)「『東京電力　失敗の本質』を書いた橘川武郎氏に聞く」『週刊東洋経済』2011年11月26日号。【インタビュー】。
(60)「日本経済と電力問題」、横浜経済学会（横浜国立大学）『エコノミア』第62巻第2号、2011年11月30日（2012年4月）。
(61)「特別寄稿　今こそ問われる民間電力会社としての真価」四国電力株式会社『四国電力60年のあゆみ』、2011年12月。
(62)「産業復興と電力改革」、『地域開発』2011年12月号（Vol.567）、2011年12月1日。

(63) 「リアルな原発のたたみ方」日本原子力学会誌『ATOMOΣ（アトモス）』2012年1月号、2012年1月1日。

(64) 「電力システム改革」特集 エネルギー戦略の再構築」『経済 Trend』2011年12月号、社団法人日本経済団体連合会、2011年12月1日。

(65) "Viele Reaktoren vom Netz—und noch mehr Fragen offen", by Von Petra Kolonko, *FRANKFURTER ALLGEMEINE ZEITUNG*, 2011年12月5日付。【インタビュー記事】。

(66) 「インドネシアの炭鉱とJパワー」『電気新聞』2011年12月16日付。

(67) 「エネルギーベストミックスを考える視点」『Business i. ENECO』2012年1月号、日刊工業新聞社、2012年1月1日。

(68) 『ポスト京都の切り札』石炭火力でCO2を削減せよ」『プレジデント』2012年1月2日号。

(69) 「国の原子力政策見直し 『電源基地・福井』は不変」『日本経済新聞』2011年12月20日付地方経済面（北陸）。【インタビュー】。

(70) 「日本が地球を救える！ 世界に誇る革新的石炭技術」『エネルギーフォーラム』2012年1月号、2012年1月1日。【インタビュー】。

(71) 「今後のエネ対策有識者の見解［橘川武郎・一橋大学教授］」『石油ガス・ジャーナル』2012年1月6日号、5頁。【インタビュー記事】。

第5章　民主党政権時代（2011年10月3日〜2012年12月25日）

(72)「東日本大震災後のエネルギー政策のあり方」『エネルギー総合工学』第34巻第4号（2012年1月号）、2012年1月20日。

(73)「今、アカデミズムができること、果たすべき役割を考える。」『HQ（Hitotsubashi Quarterly）』2012年冬号（Vol.33）、一橋大学HQ編集部、2012年1月。【インタビュー】。

(74)「現実的なエネルギー政策に向けて—リアルでポジティブな原発のたたみ方—」『生活協同組合研究』2012年2月号（No.433）、2012年2月5日。

(75)「東京電力　法的整理による再建の選択肢はまだ残っている」『週刊エコノミスト臨時増刊図説日本経済2012』2012年2月13日号。

(76)「エネルギー選択の視点と見通し」社団法人火力原子力協会『THE THERMAL AND NUCLEAR POWER 火力原子力発電』No.665（Vol.63、No.2、2012年2月号）、2012年2月15日。

(77)「高い現場力を残す道を」「侃々諤々　どうする東電2」『週刊東洋経済』2012年2月18日号。【インタビュー】。

(78)『電力改革　エネルギー政策の歴史的大転換』講談社、2012年2月20日。

(79)『歴史学者　経営の難問を解く』日本経済新聞出版社、2012年2月21日。

(80)「単に二元論でなく現実から出発を」『電気新聞』2012年2月21日付、8面。特集記事

73

(81) 「原子力発電所の安全対策　原子力を問う　識者の声」。

(82) 「『普通の会社』になって」『西日本新聞』2012年3月2日付、31面。特集記事「問う語る　九電九州考」【インタビュー記事】。

(83) 「まず全面自由化で競争促進」『日刊工業新聞』2012年3月5日付、24面。連載記事「エネルギーシフト　東日本大震災1年　基本問題委員に聞く③」。【インタビュー】。

(84) "Japan Wasn't Prepared for Fukushima Disaster: Ex-PM Kan", by Palash Ghosh, *International Business Times*, 2012年3月8日。【引用記事】。http://www.ibtimes.com/japan-wasnt-prepared-fukushima-disaster-ex-pm-kan-422544

(85) "Nuclear Power Industry in Japan Nears Standstill After Tsunami", by Martin Fackler, *The New York Times*, 2012年3月9日付, p. A9.【インタビュー記事】。

(86) 「被災地復興と電力改革——岩手県釜石市のスマートコミュニティへの挑戦」関満博編『震災復興と地域産業1　東日本大震災の「現場」から立ち上がる』新評論、2012年3月11日。

(87) 「3度あった停電の危機」『WEDGE』2012年4月号（2012年3月20日）。

(88) 「特集『リアルに考える　原発のたたみ方』特集にあたって」一橋大学イノベーション研究センター編『一橋ビジネスレビュー』2012年SPR.（59巻4号）、東洋経済新報社、2012年3月22日。

(89) 「パネル報告Ⅰ　大震災・原発事故に研究者はいかに向き合うか」『経営史学』第46巻第4

第5章 民主党政権時代（2011年10月3日〜2012年12月25日）

(89) 「識者に聞く」『もっと知る　エネルギーのこと　電気新聞中国版』2012年3月25日号、2012年3月25日。付.【インタビュー】。

(90) 『需給』『経済』『安全保障』総合的視点で再稼働を」『電気新聞』2012年3月26日付。

(91) 【新井光雄・奈良林直・十市勉・澤昭裕・神津カンナとの座談】。「福島第一原発事故から一年　新しいビジネスモデルに期待」およびパネルディスカッション記録、「2011年度一橋大学シンポジウム『東日本大震災から1年　復興への絆と政策課題』、主催：一橋大学、『日本経済新聞』2012年3月29日付夕刊。

(92) 「正念場を迎える太陽電池関連産業〜生き残りのカギはシステム・インテグレーター〜」『Business i. ENECO　地球環境とエネルギー』2012年4月号、日刊工業新聞社、2012年4月1日。

(93) 「釜石のスマートコミュニティ」『電気新聞』2012年4月11日付。

(94) 「復興まちづくりめざしていま始まる『スクラム釜石復興プラン』わが国でのスマートコミュニティ形成への道筋と目前の課題」一般社団法人日本経営協会『OMNI・MANAGEMENT』2012年5月号、2012年4月25日。

(95) 「釜石から始まる『スマートコミュニティ』大国への道」『プレジデント』2012年5月14日号。

(96) 「待ったなし電力問題 化学業界、知恵絞り対応を」『化学工業日報』2012年4月23日付。【インタビュー記事】。

(97) 「スマートコミュニティー支援など視野に」『日刊工業新聞』2012年4月25日付、28面。

(98) 「原発は過渡的エネルギー」時事通信社『jUMP』2012年5月3日発信。【インタビュー】。http://jamp.jiji.com/apps/c/tjamp/list/topics/10.do?topicsId=369&page=4

(99) "Japan switches off last nuclear power plant; will it cope?", by Aaron Sheldrick, Reuters, 2012年5月4日。【インタビュー記事】。http://www.reuters.com/article/2012/05/04/us-japan-nuclear-idUSBRE8430BO20120504

(100) "O Japão é hoje um pais sem energia nuclear", Helena Geraldes e Ricardo Garicia, Público, 2012年5月5日。【インタビュー記事】。http://www.publico.pt/ciencia/noticia/japao-e-hoje-um-pais-sem-energia-nuclear-1544828

(101) 「電力供給のリスク深刻」『毎日新聞』2012年5月6日付。「論点 原発再稼働」。

(102) 「志賀・島根・高浜原発で見た現場力」『電気新聞』2012年5月7日付。

(103) 「どう読む『電源構成の選択肢』」『日経エコロジー』2012年6月号、日経BP社、2012年5月8日。【インタビュー】。

(104) 「経営体制の刷新、早急に」『日本経済新聞』2012年5月9日付、27面。「経済教室 東

第5章 民主党政権時代（2011年10月3日〜2012年12月25日）

(105) 電再生への課題①「福島第一原発事故後の日本の電力産業」サントリー文化財団・アステイオン編集委員会編『アステイオン』76号、2012年5月17日。
(106)『原発事故後の環境・エネルギー政策−弛まざる構想とイノベーション』冨山房インターナショナル、2012年5月22日。植田和弘・藤江昌嗣・佐々木聡との共編著。
(107) "El apagón nuclear eclipsa el futuro del tejido empresarial japonés" (by Andrés Sánchez), terra NOTICIAS (one of the biggest news portals in Spanish speaking language with great coverage in Spain and Latin America), 2012年5月29日発信。【インタビュー記事】。http://noticias.terras.es/2012/economia/0529/actualidad/el-apagon-nuclear-eclipsa-el-futuro-del-tejjido-empresarial-japones.aspx
(108) "Japan to make more plutonium despite big stockpile", by Associated Press, timesfreepress.com, 2012年6月2日。【インタビュー記事】。http://www2.timesfreepress.com/search/Japan+to+make+more+plutonium+despite+big+stockpile/month/1/
(109)「経済学・経営学の視点で考えるリアルでポジティブな原発のたたみ方」『人間会議』2012年夏号（通巻26号）、（株）宣伝会議、2012年6月5日。
(110)「原発 リアルでポジティブなたたみ方」（小此木潔執筆）『日本記者クラブ会報』第508号、2012年6月10日。【講演記事】。

(111) 「三隅と舞鶴…石炭火力の底力」『電気新聞』2012年6月13日付。

(112) 「米シェールガス革命 ベンチャーの活躍原動力に」『日刊工業新聞』2012年6月18日付。

(113) 「会見詳録――エネルギー政策の見直しと日本電力業の今後（日本記者クラブ会見『シリーズ企画「3・11大震災」』、2012年5月11日、日本記者クラブ）」、日本記者クラブホームページ、2012年6月20日アップロード。http://www.jnpc.or.jp/files/2012/05/05a0efe649b41be13f8e0ee727e092ee.pdf

(114) 「書評――小堀聡著『日本のエネルギー革命――資源小国の近現代』」『経営史学』第47巻第1号、2012年6月25日。

(115) 「東電問題、原発再稼働問題と今後のエネルギー選択」公明党機関紙委員会『月刊公明』2012年7月号、2012年7月1日。

(116) 「電力事情の変化と化学産業への影響」『化学経済』2012年7月号、2012年7月1日。

(117) "Electricity: Historic Changes Required", The Japan Journal, Vol.9, No.4 (2012 July), 2012年7月1日。

(118) 「なぜ日本の天然ガスの価格はアメリカの九倍も高いのか」『プレジデント』2012年7月16日号。

(119) 「エネルギー政策の本質はこれだ 本当に重視すべきことは何か」『致知』2012年8月

第5章　民主党政権時代（2011年10月3日〜2012年12月25日）

(120)「基幹産業の海外流出も」『日刊工業新聞』2012年7月2日付。特集記事「時流読流、エネミックスで政府3案」中の「私はこう見る」。【インタビュー】。

(121)「エネルギー政策見直しに必要な三つの視点」『世界経済評論』2012年7・8月号、2012年7月16日。

(122) "Japan's Electric Industry after the Fukushima Nuclear Accident", Suntory Foundation, ASTEION, Vol.76, 2012年7月発信。http://www.suntory.com/sfnd/asteion/index.htm

(123)「激論⑤脱原発を進めるべきか　拙速な脱原発は燃料費の高騰を招く」、『週刊ダイヤモンド』2012年7月21日号。【インタビュー】。

(124)「電力業界に競争起こす」『公明新聞』2012年7月21日付、4面。「土曜特集『発送電の分離』を考える」。【インタビュー】。

(125)「今世紀半ばまでに脱原発目指す　石油精製業には成長戦略が必要」『別冊　石油通信』2012年夏季特別号、2012年7月25日。【インタビュー】。

(126)「LNG輸出入の最前線」『電気新聞』2012年8月3日付。

(127)「分散型の熱電供給　卒原発への道」（基調報告）およびパネル討論会記録、「シンポジウム『くらしとエネルギー〜スマートコミュニティの可能性』（朝日新聞社主催）家庭で地域で創エネの光」『朝日新聞』（大阪本社版）2012年8月8日付。

第Ⅱ部　福島第一原発事故後の電力改革・原子力改革への応用経営史の適用

(128) 「原発比率15％提案者が議論に直言　橘川教授『決め打ちせず検討を』」『福井新聞』2012年8月21日付。
(129) 「産業の海外流出歯止め」『日刊工業新聞』2012年8月23日付。特集記事「脱・原発依存のモノづくり」。【インタビュー】。
(130) 「原発反対vs推進の二項対立から脱却が必要　"15シナリオ"のリアルでポジティブな原発のたたみ方」DIAMOND online, 2012年8月24日発信。http://diamond.jp/articles/-/23706
(131) 「歴史からの提言――求められるビジネスモデルの転換」日本原子力学会誌『ATOMOΣ（アトモス）』2012年9月号、日本原子力学会、2012年9月1日。「解説シリーズ　電力制度改革の核心にせまる（その3）」。
(132) 「原発の減らし方、再稼働のさせ方」日本物理学会『科学・社会・人間』2012年4月号（通算122号）、2012年9月15日。特集「第36回『物理学者の社会的責任』シンポジウム『福島原発事故と物理学者の社会的責任』」。
(133) "Atomkraft in Japan: Dem Ausstieg näcker", von Dagmar Dehmer, Der Tagesspiegel, 15.09, 2012年9月15日。【引用記事】。http://www.tagesspiegel.de/politik/atomkraft-in-japan-dem-ausstieg-naeher/713704l.html
(134) 「原発を考える　火力コスト増課題」に疑問の声　『30年代ゼロ』『日本経済新聞』2012

80

第5章　民主党政権時代（2011年10月3日〜2012年12月25日）

(135) 「抜本的見直し不可避」『福井新聞』2012年9月15日付。【インタビュー】。
(136) "No-nuke plan official, quick to draw flak: Policy called poll ploy to save DPJ, hit by fuel cycle foes, Keidanren", by Kazuaki Nagata and Eric Johnston, *The Japan Times*, 2012年9月15日付。【インタビュー記事】。
(137) 「エネルギー政策の目玉、新技術『IGCC』とは」『プレジデント』2012年9月17日号。
(138) 「選挙見据え拙速な決定」『電気新聞』2012年9月18日付。【インタビュー】。
(139) 「高まるIGCCへの期待」『電気新聞』2012年9月20日付。「ウェーブ　時評」。
(140) 「過渡的エネルギー源として低減を――脱原発依存に向けたリアルなアプローチ」『Business i. ENECO　地球環境とエネルギー』2012年10月号、日刊工業新聞社、2012年10月1日。
(141) 「LPガスコジェネ　電源15％への貢献期待」『プロパン・ブタンニュース』2012年10月1日付。【講演記事】。
(142) "The History of Japan's Electric Power Industry before World War II", *Hitotsubashi Journal of Commerce and Management* (Hitotsubashi University), Vol.46, No.1, 2012年10月。
(143) 「ガス火力発電を原発と置き換えろ」『日経ビジネス』2012年10月1日号、日経BP社、34-35頁。特集「ニッポン改造計画100　エネルギー」。【インタビュー記事】。

(144)「選択肢は天然ガスシフト以外にない。ガス業界のさらなる奮闘に期待。」『GAS EPOCH』Vol.79（2012 Autumn）、日本ガス協会、2012年10月1日。

(145)「序論 震災後の電源・エネルギー選択」『THE THERMAL AND NUCLEAR POWER 火力原子力発電』No.673（Vol.63、No.10、2012年10月号）、2012年10月15日。「特集 震災後の電力エネルギー技術の選択と展望──低炭素社会と持続発展可能な社会の実現を目指して──」

(146)「エネルギー安定供給のカギ『日本横断パイプライン』とは」『プレジデント』2012年11月12日号。

(147)「太陽光バブル 戸建の屋根にパネル載せないとそのうちはじける」、『NEWSポストセブン』、2012年10月24日発信。【インタビュー】。http://www.news-postseven.com/archives/20121024_151206.html

(148)「スマートコミュニティを可能にする釜石市固有の条件」、『地域開発』2012年11月号（Vol.578）、2012年11月1日。

(149)「リアルに原発をたたむため、『15％シナリオ』が再浮上」『週刊東洋経済新報臨時増刊 『原発ゼロ』は正しいのか』2012年11月2日号。

(150)「経済と生活に資する情報を」『電気新聞』2012年11月2日付。【『電気新聞』梅村英夫編集局長との対談】。『電気新聞』創刊記念日特集。

第5章　民主党政権時代（2011年10月3日〜2012年12月25日）

(151)「原発依存から脱却を」『北海道新聞』2012年11月3日付.【インタビュー】。
(152)「現実的で前向きな原発のたたみ方」『潮』2012年11月号、2012年11月5日。
(153)「シェールガス革命の主役たち」『電気新聞』2012年11月13日付。
(154)「あるべきエネルギー政策とは」第37回世界経済評論フォーラム（2012年9・12月26日）
我が国エネルギー政策を世界的視野で問う」『世界経済評論』2012年11・12月号、2012年11月16日。【講演記録＋パネルディスカッション記録】。
(155)「90周年記念講演会・パネル討論会（第21回大会と併設）報告『これからの資源・エネルギー・環境を考える』」『Journal of the Japan Institute of Energy 日本エネルギー学会誌』Vol. 91, No. 11, November 2012, 2012年11月20日。【パネルディスカッション記録】。
(156)「パネル座談会　『福島』と考えるこれからの日本」『原子力文化』2012年12月号、2012年12月1日。【遠藤雄幸・澤昭裕・奈良林直・山下俊一・宮崎緑との座談】。
(157)「発送電一貫に利点も」『日本経済新聞』2012年12月2日付、11面。「電力改革　将来像は」。【インタビュー】。
(158)「エネルギー　原発再稼働が必要」『読売新聞』2012年12月4日付、11面。「経済課題を聞く　12衆院選6」。【インタビュー】。
(159)「たたみ方、リアルさ乏しい」『朝日新聞』2012年12月8日付、14面。「耕論　乱流・総選挙　改めて、原発」。【インタビュー】。

(160)「本気度測る火力政策」。『高知新聞』2012年12月13日付、20面。「交論　衆院選〈3〉原発論争どう見極める」。【インタビュー】。

3　歴史的文脈の解明

本章が対象とする時期に、応用経営史の第1の作業手順である「歴史的文脈の解明」に関連して筆者が行った作業に、東京電力問題の検討がある。福島第一原子力発電所事故を起こした当事者である東京電力は、実質的に国有化されることになった。その歴史的な含意について筆者は、文献（57）での検討をふまえ、文献（104）において、次のように指摘した。

【異例の公的管理移行】

東京電力と原子力損害賠償支援機構は、2012年4月27日、東京電力の今後の経営のあり方を示した「総合特別事業計画」を、枝野幸男経済産業大臣に提出した。この計画には、1兆円規模の公的資金による資本注入を通じて東電を実質国有化することが盛り込まれている。

日本最大の電力会社である東電が公的管理下におかれることは、電力業の歴史から見て、きわめて異例な出来事だ。電力業は公益性の高い産業であるが、わが国の場合には、国営化や公営化の途を選

第5章　民主党政権時代（2011年10月3日〜2012年12月25日）

んだ多くのヨーロッパ諸国と異なり、基本的には民営で電力業を営むという方式を選択してきた。つまり、民有民営の電力会社が企業努力を重ねて「安い電気を安定的に供給する」という公益的課題を達成する、「民営公益事業」の方針を採用したわけである。このような歴史的経緯を念頭におくと、今回の東電実質国有化が「きわめて異例な出来事」であることは明らかだろう。

【「既定の事実」だった実質国有化】

ただし、いくら異例であるとは言っても、今回の東電実質国有化は、他に選択肢がないという意味で必然的なものであった。その間の事情を見ておこう。

直面する東京電力問題において最も大切なことは、

① 福島第一原子力発電所事故の被害を受けた住民の方々に対する賠償をきちんと行う、
② 現在の東京電力の供給エリアで「低廉で安定的な電気供給」が行われる枠組みを作り上げる、

という二つの点である。この2点こそが至上命題であり、現在の東京電力が存続するかどうか、東京電力が国有化されるかどうかなどは、もともとそれほど重要な問題ではない。

2011年8月に成立した原子力損害賠償支援機構法の賠償支援スキームは、国内最高の社債発行残高と多数の株主を抱える東京電力が破綻した場合に市場へ及ぼす影響も考慮して、東京電力を存続させるとした。だが、賠償金の原資について、支援機構を通じて公的資金の供給を受けたとしても、電力業が多額の設備投資を必要とする特異な業種であることを考慮すると、現在の東京電力という会

85

社が存続できるかについては大いに疑問が残る。カギとなるのは資金調達だろう。公的管理の下で、利益の大半が賠償や支援機構への返済に消える。このような「飼い殺し」路線の下で、東京電力は、長いあいだ、無配を続けることになる。そうなれば、東電の株式は、もはや会社の成長を可能にする資金調達手段とはなり得ない。社債についても、格付けが大幅に低下しており、社債発行による資金調達も難しい。

莫大な設備投資を必要とする電力事業を、東京電力が的確に継続していく見通しは、非常に厳しいと言わざるをえない。資金調達が滞り、「低廉で安定的な電力供給」という社会的使命の達成に支障をきたせば、日本経済全体に深刻なダメージを及ぼすことになる。現在の東京電力が存続することは難しい。

また、賠償金の支払いに関連して見落とすことができない事実は、福島第一原発事故後の東京電力にとって最大のコスト上昇要因が、原子力発電所の運転停止を受けて行われている火力発電所の代替運転がもたらす燃料費の増加だという点である。支出増加の要因としては、LNG（液化天然ガス）や石炭、石油などの燃料買い増しが一番大きく、東京電力が徹底的にリストラを行った場合の効果額や、原子力損害賠償支援機構法の賠償支援スキームの中で東京電力が今後、支援機構に返済する年額よりも、はるかに多額にのぼる。

今回提出された「総合特別事業計画」では、リストラを徹底的に行って、10年間で計3兆3000億円の経費を削減するとしている。1年平均で言えば、リストラ効果を3300億円程度と

第5章 民主党政権時代（2011年10月3日〜2012年12月25日）

見込んでいるわけだ。これに対して、2012年3月27日付の『日経産業新聞』は、「原発停止の影響で11年度の東電の燃料費は前年度比で約7600億円増える見通し」、「12年度に原発が稼働しなければ東電全体で1兆円規模の燃料費増となる計算だ」、と伝えている。

この事実を直視すれば、東京電力がきちんと賠償を行うためには、早晩、電気料金の値上げが不可避となり、その値上げ幅を縮小するためには、東京電力・柏崎刈羽原子力発電所の運転再開が避けられないということになる。しかし、現在の東京電力の経営体制が維持されたままで料金値上げや柏崎刈羽原発再稼働が行われることを、世論が許すわけがない。値上げや再稼働の可能性を多少なりとも作り出すためには、目に見える形で東京電力の経営体制が刷新されることが必要不可欠だったのであり、その意味で、東京電力の一時国有化は福島原発事故直後から「既定の事実」であったとも言えるのである。

【現場力を維持する枠組み作りを】

東京電力がいったん国有化され、場合によっては法的整理の対象となったとしても、東電の資産を引き継いで同社のエリアで「低廉で安定的な電気供給」に携わる事業体は、最終的には民営形態をとるであろう。なぜなら、日本の電力業が長いあいだ「民営公益事業」方式を採用してきた歴史的文脈をふまえれば、国営形態をとる事業体では、「低廉で安定的な電気供給」を実現することは困難だからである。

東日本大震災の際の大津波によって、東京電力は、福島第一原発・同第二原発であわせて910万kWの出力を失っただけでなく、広野・常陸那珂・鹿島の3火力発電所でも合計920万kWの出力を喪失した。しかし、昨夏の電力危機を乗り切るため、これら3箇所の火力発電所の現場では昼夜徹した復旧工事が遂行され、その結果、3発電所は、2011年7月までに「奇跡の復活」をとげた。奇跡を起こした原動力は、「停電をけっして起こさない」という現場の一念であった。高い現場力は、福島第一原発で事故後の処理にあたる、国際的にも称賛された「フクシマ50」と呼ばれる作業員のあいだにも見受けられる。東京電力問題の本質は、「高い現場力と低い経営力のミスマッチ」にあると言える。

低い経営力を一新するためには、一時国有化を手がかりにし、場合によっては法的整理も行って、東京電力の経営体制の刷新を早急に進める必要がある。そうしなければ、現場の「やる気」が失われ、高い現場力が毀損するおそれがある。現在の東京電力の供給エリアで「低廉で安定的な電気供給」が行われる枠組みを作り上げるうえで、何よりも大切なことは高い現場力を維持することである。東電問題で真に問われていることを、見誤ってはならない。

第5章　民主党政権時代（2011年10月3日〜2012年12月25日）

4　問題の本質の特定

本章が対象とする時期に、応用経営史の第2の作業手順である「問題の本質の特定」に関連して筆者が行った作業に、原子力発電所再稼働問題の検討がある。文献（86）において示した見解は、次のようなものであった。

・・・・・・・・・・・・・・・・・・・・・・・・・・・・

【リスクがあるだけで進行する産業空洞化】

原子力発電所の再稼働をめぐって、「実際には、電力供給面でのリスクなど存在しない」、「リスクを煽るのは原発を再稼働させたいがための陰謀だ」、「そもそも東京電力による昨年の計画停電自体が、同様の陰謀だった」、などの意見がある。本当だろうか。以下では、まず、これらの見解は間違っており、電力供給リスクは実在することを確認する。そのうえで、リスクを回避するために有効な原発再稼働を可能にする条件をさぐる。

東京電力・福島第一原発事故以降、多くの国民は節電に積極的に取り組んでおり、大きな成果をあげている。節電自体は大切なことであり、さらに取組みを強める必要がある。ただし、よく聞かれる「わが家は3割節電した。日本の原発依存度は3割だから、原発がなくてもやっていけるのではないか」という声には、問題がある。なぜなら、わが国の電力市場で家庭用需要は約3分の1を占めるに

89

過ぎず、残り3分の2を占める産業用需要や業務用需要の分野では、節電はそれほど容易ではないからである。

福島第一原発の事故が起きる以前から、日本では電気料金が高かった。そのため、産業用需要や業務用需要の分野ではすでに節電が進んでいたのであり、家庭用需要のように、新たに大規模な節電を行うことは難しい。

とくに、産業用需要の分野では、今夏にたとえ停電が回避されたとしても、電力供給不安が存在するだけで、電力を大量に消費する工程、半導体を製造するクリーンルーム、常時温度調整を必要とするバイオ工程、コンピュータで制御された工程等々を有する工場の日本での操業が、リスクマネジメント上、困難になる。これらの工場は、高付加価値製品を製造している場合が多く、日本経済の文字通りの「心臓部」に当たる。それらが海外移転することによって生じる産業空洞化は、「日本沈没」に直結するほどの破壊力をもつ。

その影響は、現存する工場の海外移転だけにとどまらない。もともと国内に新増設する予定だった工場を、海外工場建設に置き換える投資計画の変更もあいついでいる。むしろ、このような「機会損失」の方が、日本経済により大きな打撃を与えていると言えそうである。

【3度あった危機…ブラックアウト寸前の事態も】

産業空洞化につながる電力供給リスクは、実在するのだろうか。

90

第5章　民主党政権時代（2011年10月3日～2012年12月25日）

2011年、東京電力が行った計画停電4日目の3月17日の朝方に、ブラックアウト寸前の最大の危機が訪れた。当時の東京電力の供給力は、他社からの融通分も含めて3350万kW。一方、同日午前9～10時の最大需要は3330万kWに達し、予備率わずか0・6％の大停電が起きてもおかしくない切迫した状況が、現実に発生した。この日は、海江田万里経産相（当時）が緊急記者会見を開いて大規模停電回避のための節電を呼びかけ、それにこたえて電車の運転本数が夕方から削減されるなどして混乱した。計画停電開始以来の節電意識にゆるみが出たこと、寒さによって暖房需要が急増したことなどが、原因であった。

2011年夏においては、豪雨の影響で多くの水力発電所の運転が停止した東北電力の管内で、8月上旬に危機が発生した。東北電力自前の予備率は、5日はマイナス1・5％、8日はマイナス7・5％、9日はマイナス9・1％にまで落ち込み、他社からの融通を受けて、5日は3・6％、8日は3・9％、9日は4・6％の予備率をかろうじて確保した。東北電力自前の予備率は、昨年8月を通じて9日間にわたって安定供給上の下限とされる3％を下回り、他社融通による綱渡りに失敗すれば、計画停電のおそれもあった。8月上旬の東北電力への電力融通では東京電力が中心的な役割をはたしたが、当時は、東京電力の柏崎刈羽原発の5、6、7号機が稼働中であった。

2012年においても、寒波の影響で、2月2日夕方に四国電力管内と九州電力管内で予備率が3％前後になった。四国電力の場合には、最大電力が522万kWに達し、冬ピークとしては歴代最高記録を更新した。その翌日の2月3日未明には、出力229・5万kWの九州電力・新大分火力発

第Ⅱ部　福島第一原発事故後の電力改革・原子力改革への応用経営史の適用

電所がトラブルで運転を停止した。もし、この運転停止が9時間前に起きていたら、九州電力管内でブラックアウトが発生していたかもしれない。

この新大分火力発電所のトラブルは、けっして偶然の出来事ではない。原子力発電所の稼働が次々と停止するなかで、代役を担うことになった全国各地の火力発電所では、設備の酷使が続いている。さまざまな特別措置を講じて定期検査を引き延ばし、目一杯の運転が毎日毎日繰り返される。各地の火力発電所を回ると、くたくたに疲れきりながらも奮闘する運転員の姿を、どこでも目にすることができる。

このように電力供給リスクは、はっきりと実在する。そのリスクを、火力発電所の現場の疲弊が高めている構図だ。昨年の7〜8月だけで、短期のものを含めれば、全国で17箇所の火力発電所が計画外の運転停止を経験した。わが国において、電力供給リスクは、「今そこにある危機」なのである。

【もう一つのリスク：電気料金値上げ】

日本が直面する電力供給リスクには、もう一つの側面がある。それは、原発停止による火力シフトの進行が燃料費負担を増大させ、電気料金値上げにつながるリスクである。

東京電力以外の電力9社の2011年4〜12月の決算をみると、燃料費が前年同期よりも1兆円近く増加したことがわかる。このため、もともと原発をもたない沖縄電力と原発が止まる時期が遅かった四国電力を除く7社（北海道・東北・中部・北陸・関西・中国・九州電力）の純損益は、赤字となった。

92

第5章　民主党政権時代（2011年10月3日〜2012年12月25日）

燃料費膨脹による電気料金値上げがこれから数年のあいだに実施される可能性は、十分にある。

要因である。他の電力会社の場合には、すぐには電気料金を値上げすることはないだろう。しかし、

東京電力管内では早晩、電気料金値上げが避けられない見通しだが、燃料費膨脹は値上げの最大の

【新安全基準の明示が原発再稼働の条件】

実在する電力供給リスクを取り除くためには、定期検査あけ原発を再稼働させることが必要であ

る。ただし、ここで明確にしなければならないのは、福島第一原発事故後の日本では、必要性を説く

だけでは原発は動かないという、冷厳な現実が存在することである。

原発を再稼働させるためには、必要性を説くだけでは不十分で、危険性を最小化するきちんとした

手立てを講じなければならない。その手立てとは、何だろうか。

定期検査あけ原発の運転再開の前提条件とすべきなのは、日本最大の原発立地県である福井県が提

唱しているように、ストレステストではなく、福島第一原発事故の教訓を盛り込んだ新しい安全基準

である。原発再稼働のためには、国がただちに、原発の地元住民と立地県知事が納得できるような、

厳格でわかりやすい安全基準を明示する必要がある。福島第一原発事故の教訓をふまえた新しい原発

安全基準の中身は、過酷事故への対応を前提としたうえで、

［1］立地地域の有史以来最大の地震・津波を想定し、それに耐えうるものとする（最大限基準）、

［2］地震学・津波学等の世界でより厳しい新たな知見が得られた場合には、それを想定へ反映さ

93

第Ⅱ部　福島第一原発事故後の電力改革・原子力改革への応用経営史の適用

せる（更新基準）、という2点を骨格とすべきであろう。

福井県は、完全な形での安全基準をすぐに求めているわけではない。方向性を明示したうえで、暫定的な基準を示せと言っているのだ。国は、ただちに暫定的な安全基準を明示し、原発再稼働に道を開くべきだ。

5　問題解決の原動力となる発展のダイナミズムの発見

本章が対象とする時期に、応用経営史の第3の作業手順である「問題解決の原動力となる発展のダイナミズムの発見」に関連して筆者が行った作業に、①地球温暖化対策として日本の高効率石炭火力発電技術を活用する、②シェール革命という新たな状況をふまえて天然ガスの調達コストを低減させる、の2点を強調したことがある。まず、①については、文献（68）において、次のように述べた。

【原発2020年9基、2030年14基新増設方針の背景】

東京電力・福島第一原子力発電所の事故によって、2010年に閣議決定された「エネルギー基本計画」が打ち出した、原子力発電設備を2020年までに9基、2030年までに14基新増設すると

94

第5章 民主党政権時代（2011年10月3日～2012年12月25日）

いう方針は、もろくも崩れ去った。それにしても、日本の電力需給の実情からすれば必ずしも必要のない「2020年9基、2030年14基新増設」方針が打ち出されたのは、なぜだろうか。

原子力政策について、歴代の自民党政権が責任を持つべきであることは、明らかである。しかし、2010年に現行の「エネルギー基本計画」を閣議決定したのは、民主党政権である。その背景には、いわゆる「鳩山イニシアチブ」が存在した。

鳩山由紀夫元首相は、2009年にデンマークで開催されたCOP15（国連気候変動枠組み条約第15回締約国会議）において、「すべての主要排出国の参加による意欲的な目標の合意」を前提条件にして、日本としては、2020年までに温室効果ガス排出量を1990年比で25％削減するという方針を打ち出した。これが鳩山イニシアチブであるが、その構想どおり、25％削減を国内および真水方式（排出権取引や森林吸収源増加などを使わず、純粋に温室効果ガス排出量自体を削減する方式）で実行しようとすれば、省エネだけでは目標を達成できないことは明瞭である。残る手段は、再生可能エネルギー利用発電の本格的普及か原子力発電の増強しかないが、太陽光発電や風力発電の現状を直視すれば、残念ながら、再生可能エネルギー利用発電の本格的普及は2020年までに間に合いそうにない。したがって、選択肢は原子力発電の増強だけとなり、「2020年9基、2030年14基新増設」方針が打ち出されるにいたったのである。

第Ⅱ部　福島第一原発事故後の電力改革・原子力改革への応用経営史の適用

【破綻した国内・真水・25％削減の鳩山イニシアチブ】

福島第一原発の事故により「2020年9基、2030年14基新増設」方針が崩れ去った以上、国内・真水・1990年比25％削減を掲げる鳩山イニシアチブに連動して2009年に施行され、電力会社に原発新増設を強く迫る法的根拠となったエネルギー供給構造高度化法による「2020年までのゼロエミッション電源50％義務づけ」も、廃棄されるべきである（ゼロエミッション電源とは、温室効果ガスをほとんど排出しない電源のことであり、具体的には原子力発電と再生可能エネルギー利用発電をさす）。また、鳩山イニシアチブと同様に国内・真水方式で温室効果ガスを削減しようとする京都議定書の延長についても、日本としては応じるべきではない。

それでは、鳩山イニシアチブを実現することができなくなった日本は、国際社会において地球温暖化防止の主導的役割を果たすこと自体を放棄すべきなのであろうか？　答えは、断じて「否」である。温室効果ガスの中心を占めるのは二酸化炭素（CO2）であるが、CO2排出量を、原子力発電を使って国内で減らす代わりに、石炭火力技術の海外移転を通じて国外で減らせば良いからである。

【石炭火力技術を使えば鳩山イニシアチブを上回る削減は可能だ】

1990年の日本の温室効果ガス排出量は、12億6100万トン（CO2換算）であったから、2020年までのその25％は3億1525万トンであり、鳩山イニシアチブの方針は、大まかに言えば、2020年ま

96

第5章　民主党政権時代（2011年10月3日〜2012年12月25日）

にCO2排出量を3・2億トン減らそうとするものだと言うことができる。ここで求められるのは、最も多くCO2を排出する石炭火力発電所の効率を改善することができれば、CO2排出量を最も多く減らすことができるという、柔軟な「逆転の発想」である。

2008年の発電電力量に占める石炭火力のウェートを国別に見ると、日本が27%であるのに対して、アメリカは49%、中国は79%、インドは69%に達する。発電面で再生可能エネルギーの使用が進んでいると言われるドイツにおいてでさえ、石炭火力のウェートは46%に及ぶ。世界の発電の主流を占めるのはあくまで石炭火力なのであり、当面、その状況が変わることはない（2006年における世界の電源別発電電力量の構成比は、石炭が41%、天然ガスが21%、水力が16%、原子力が14%、石油が6%、その他が3%である）。

国際的にみて中心的な電源である石炭火力発電の熱効率に関して、日本は、世界トップクラスの実績をあげている。したがって、日本の石炭火力発電所でのベストプラクティス（最も効率的な発電方式）が諸外国に普及すれば、それだけで、世界のCO2排出量は大幅に減少することになる。

中国・アメリカ・インドの3国に日本の石炭火力発電所のベストプラクティスを普及するだけで、CO2排出量は年間13億4700万トンも削減される。この削減量は、1990年の日本の温室効果ガス排出量12億6100万トンの107%に相当する。日本の石炭火力のベストプラクティスを中米印3国に普及しさえすれば、鳩山元首相が打ち出した「25%削減目標」の4倍以上の温室効果ガス排出量削減効果を、2020年を待たずして、すぐにでも実現できるわけである。この事実をふまえれば、

97

日本の石炭火力技術は地球温暖化防止の「切り札」となると言っても、決して過言ではないのである。ところで、なぜ日本の石炭火力の熱効率は世界最高水準にあるのだろうか。石炭は、世界で、年間およそ61億トン生産される。ただし、生産された国の中で消費される割合が高く、貿易量は約9億トン、約15％にとどまる（2006年の数値）。これは、石油と大きく異なる点であり、石炭をほとんど輸入に頼る日本は、世界の石炭ユーザーのなかでも、相当に特殊な存在だと言える。一方で、日本はかつての石炭産出国であり、一次エネルギーの自給率は1961年まで50％を超えていた（2006年の自給率は4％）[注21]。つまり、日本は、石炭を使いこなす技術を昔から磨いてきた。石炭利用の技術をもつ国が、現在は石炭を輸入せざるを得ないのであるから、必然的に燃焼効率を高めようとするインセンティブ（誘因）が働く。これが、日本の石炭火力発電部門が世界のCO_2排出量削減技術の国際的センターになる理由である。

【コスト的にも割安な石炭火力技術海外移転方式】

もう一つ重要な点は、石炭火力技術海外移転方式によるCO_2排出量削減に比べて、コストがはるかに安いことだ。

2010年2月の時点で世界の主要国（地域）が掲げていた2020年に向けたCO_2排出量削減の中期目標と、それにかかわる限界削減費用とをもとに計算すると、国内・真水方式で2020年までにCO_2排出量を1990年比25％削減するという日本の中期目標が、国際的にみて破格の高コス

第5章　民主党政権時代（2011年10月3日〜2012年12月25日）

それでは、中国・アメリカ・インドの3国に日本の石炭火力発電のベストプラクティスを普及し、CO2排出量を年間13億4700万トン削減するには、どれくらいの費用がかかるであろうか。経済産業省は、この点について、ある概算を行っている。

そこでは、日本の石炭火力発電のベストプラクティスを普及する際に、中米印3国の石炭火力発電所のすべてを新設し直す（3国で発電容量60万kWの石炭火力発電設備を合計1355基新設する）という大胆な仮定がおかれている。結果としてはじき出されたCO2排出量の限界削減費用は、9479円/トンである。実際には、すべて新設する必要はなく、既存設備の改造ですむ場合が多いから、この9479円/トンという数値は、相当に過大評価されたものと言える。しかし、それでも、国内・真水方式にもとづく日本の中期目標の限界削減費用（476米ドル＝3万6700円/トン、為替相場は2011年11月12日午後10時56分現在）に比べれば、ほぼ4分の1にすぎない。

我々が直面しているのは、「日本環境問題」ではなく「地球環境問題」であるから、石炭火力技術の海外移転でCO2排出量を削減するという方法は有効である。その際、CO2排出量削減分を、2国間クレジットの方式によって、日本と技術輸入国とのあいだで分けあうことになる。つまり、わが国の地球温暖化防止策の軸足は、原子力発電を使った国内でのCO2排出量削減から、石炭火力技術移転と2国間クレジットを用いた国外でのCO2排出量削減へ、移行することになるわけだ。

99

第Ⅱ部　福島第一原発事故後の電力改革・原子力改革への応用経営史の適用

ここで強調した、日本がとるべき地球温暖化対策の柱は、原発の新増設ではなく、高効率石炭火力発電技術の海外移転に求めるべきだという主張は、すぐにでも実行可能なものである。それに加えて、将来の課題であるが、IGCC（石炭ガス化複合発電）の実用化が進めば、地球温暖化対策として日本の高効率石炭火力発電技術を活用することの意味は、さらに大きくなる。この点について筆者は、文献（137）において、次のように論じた。

【石炭火力のゼロ・エミッション化】

総合資源エネルギー調査会鉱業分科会クリーンコール部会が2009年6月にまとめた報告書「我が国クリーンコール政策の新たな展開2009」は、「高効率石炭火力発電の技術開発ロードマップ」を掲げている。これらのロードマップにもとづき、技術革新を実現することによって、将来的には、「ゼロ・エミッション石炭火力発電」を実現しようというのが、「我が国クリーンコール政策の新たな展開2009」の最終的なねらいである。

【IGCCは「S+3E」の申し子】

現在、中国電力とJパワー（電源開発株式会社）は、折半出資で大崎クールジェン（株）を設立し、中国電力大崎発電所の敷地でIGCC実証試験を始めようとしている。Jパワーは、2002年度から2013年度にかけて福岡県北九州市で、石炭使用量150トン／日規模の酸素吹き石炭ガス化技

100

第5章　民主党政権時代（2011年10月3日～2012年12月25日）

術パイロット試験（いわゆる「EAGLEプロジェクト」）に取り組んできたが、その成果をふまえて大崎クールジェンは、広島県大崎上島町の瀬戸内海に臨むサイトで、石炭使用量1100トン／日規模、発電出力17万kW級の酸素吹きIGCC（石炭ガス化複合発電）の実証試験を実施しようとしているのである。

石炭ガス化複合発電に関してはこれまで、福島県いわき市の常磐共同火力（株）勿来発電所にある、クリーンコールパワー研究所の空気吹きIGCC実証機（出力25万kW）が先行してきた。大崎クールジェンの試験が始まれば、わが国は、それぞれに特徴がある空気吹きと酸素吹きの両システムを擁することになり、IGCCの技術開発に関して世界をリードする位置に立つ。

福島第一原発事故後の日本では、エネルギー政策の根本的な見直しが進み、それを通じて「Sプラス3E」の重要性が強く認識されるようになった。Sは安全性（Safety）であり、3Eは環境性（Environment）、経済性（Economy）、エネルギー・セキュリティ（Energy Security）をさす。まず、石炭ガス化複合発電が原子力発電に比べて安全性の点で優れていることは、言うまでもない。

環境性について見れば、IGCCは石炭火力発電の熱効率を大幅に上昇させ、二酸化炭素排出量を減少させる。IGCCの特徴は、石炭をガス化し、それを燃焼させてガスタービンと発電機を動かすとともに、あわせてガスタービンの排熱で蒸気を作り、それで蒸気タービンと発電機も回す点にある。その結果、蒸気タービンと発電機の組合せだけの既存の微粉炭火力発電に比べて、熱効率が上昇

101

するわけである。

経済性の点では、IGCCが低品位炭と相性が良い点が重要である。石炭火力発電のうち既存の技術であるSC（超臨界圧石炭火力発電）やUSC（超々臨界圧石炭火力発電）は、高品位炭（灰融点1500℃以上、品位1）ないし中品位炭（灰融点1400℃以上1500℃未満、品位2）と適合性が高い。これに対して、酸素吹きIGCCは中品位炭ないし低品位炭（灰融点1200℃以上1400℃未満、品位3）と、空気吹きIGCCは低品位炭と、それぞれ相性が良い。

これまでの日本の石炭火力発電所では基本的に、割高な高品位炭のみを使用してきた。IGCCの導入により低品位炭の利用が拡大することは、経済性の面でメリットがあるだけでなく、エネルギー・セキュリティの確保に資するものでもある。現在、日本向けに石炭を大量に輸出しているオーストラリアやインドネシアでの露天掘り炭鉱では、高品位の瀝青炭の生産が頭打ちになりつつあり、今後は、低品位炭の活用がエネルギー・セキュリティ確保上の重要課題となるからである。

成長技術であるガスタービンを石炭火力発電に取り込む意味合いをもつIGCCは、さらなる高効率化や二酸化炭素排出量削減への架け橋となる可能性をもつ。燃料電池（FC）と組み合わせたIGFC（石炭ガス化燃料電池複合発電）への展開に道をひらくとともに、二酸化炭素回収技術とのマッチングによってCCS（二酸化炭素回収・貯留）の実用性を高めるためである。さらに、酸素吹きIGCCの場合には、生成ガスの主成分が有用な一酸化炭素や水素であることから、化学工業への展開が有望だと言われている。

第5章 民主党政権時代（2011年10月3日〜2012年12月25日）

福島第一原発事故後の日本が、原子力発電への依存度を下げる方向に進むことは間違いない。そうであるとすれば、これまで原発とともにベース電源を担ってきた石炭火力発電の役割は、必然的に高まる。ただし、石炭火力には、二酸化炭素排出量が大きいという固有の難点がある。そして、それだけではなく、IGCCがIGFCへ発展し、CCSと結びつくことになれば、二酸化炭素を排出しないゼロ・エミッションの石炭火力発電が実現することも夢ではないのである。

一方、②の「シェール革命という新たな状況をふまえて天然ガスの調達コストを低減させる」点については、文献（118）において、次のように論じた。

・・

【シェールガス革命の現場のダイナミズム】

世界のエネルギーのあり方を大きく変えつつある、アメリカで起きた「シェールガス革命」。その中心地の一つであるテキサス州バーネット地区にあるフォートワース市内のシェールガス田を、2012年の春に見学する機会があった。

シェールガス革命を可能にしたのは、水平掘削、水圧破砕、マイクロサイスミック（割れ目形成の際に発生する地震波を観測・解析し、割れ目の広がりを評価する技術）などの技術革新だが、その担い手となったのは、大手のエネルギー企業ではなく、小規模で出発したベンチャー的色彩の濃い企業

103

群だ。シェールガス田では、開発直後に大量の天然ガスを産出するが、すぐに生産高は減衰し、その後は少量の生産が続く。このため、次々と掘削を繰り返すスピード感ある事業展開が求められる。訪れたのは、Chesapeake 社の掘削現場と Quicksilver 社の水圧破砕現場であったが、これらの企業は、まさにシェールガス革命の主役達だと言える。

掘削現場も水圧破砕現場もそれほど広くはない。草野球場2〜3面ほどの面積だ。それを、防音材でできた高さ数メートルの簡単な壁が、ぐるりと囲んでいる。現場のすぐ近くに多数の民家があるため、環境への配慮、とくに防音は、事業遂行上の重要課題だという。訪ねた掘削現場の場合、周辺住民がコミュニティ全体で鉱業権をもち、シェールガス田の収入の一部を分与されていると聞いた。掘削作業に擁する時間は、平均8〜13週間程度だそうだ。

水圧破砕現場では、同時に複数のガス井が生産にあたっていた。1本のガス井の掘削延長は、垂直掘削と水平掘削と合わせて1万4000フィート（約4300メートル）に及ぶこともある。掘削にあたっては、地下水を汚染しないよう、特に気を遣っているようだ。

「草の根」的な形で開発が進んだバーネット地区では、2010年に、1兆8000億立方フィートのシェールガスが生産された。同年、アメリカの天然ガス供給に占めるシェールガス供給の比率は、23％に達した（JETROヒューストン事務所調べ）のである。

テキサス州のシェールガス田からさらに足をのばして、隣州のルイジアナ州にある Cheniere 社のサビンパスLNG（液化天然ガス）基地も見学した。Cheniere 社は、もともと天然ガスの開発・生

第5章　民主党政権時代（2011年10月3日～2012年12月25日）

産を目的にして、1996年に設立された独立系企業である。しかし、開発・生産に見るべき成果をあげなかったため、事業目的をLNG輸入に切り替え、港湾施設と16万キロリットル・タンク5基を建設し、これまでQフレックス級（積載容量21万立方メートル級、QはカタールのQの頭文字）やQマックス級（積載容量26万立方メートル級）のLNGタンカーを、いずれも全米で初めて受け入れてきた。

そこに降って湧いたように起こったのが、シェールガス革命である。Cheniere社は、ビジネスモデルを180度転換し、LNG輸入よりLNG輸出に事業の重心を置くことになった。FERC（連邦エネルギー規制委員会）の許可が下り次第、4系列年産1500万トンのガス冷却設備を建設し、LNG輸出を開始する予定であり、すでにイギリスのBGグループ、スペインのFenosa社、インドのGAIL社、韓国のKOGAS社と、LNG供給の長期契約を締結した。

フォートワース市内の居住地域に立地するシェールガス田と、人里離れた海辺の湿地帯（実際に敷地内で野生のワニを目撃した）に立地するサビンパス基地とでは、たたずまいを完全に異にする。しかし、それぞれの現場で活躍するベンチャー企業と独立系企業が発しているダイナミズムには、大いに共通性がある。このダイナミズムこそ、シェール革命を現実化した原動力であり、日本のエネルギー産業が長いあいだ忘れてしまったものではなかろうか。

【なんと9倍の価格差…天然ガス市場の日米間ギャップ】

日本のエネルギー産業のあり方をめぐっては、2011年の東京電力・福島第一原子力発電所の事

第Ⅱ部　福島第一原発事故後の電力改革・原子力改革への応用経営史の適用

故を契機として、それを根本的に見直す作業が続いている。全体として脱原子力依存の方向性が打ち出されることは間違いないが、代替エネルギーをいかに確保するかについてはコンセンサスが形成されていない。それでも、使い勝手が良い化石燃料のなかでCO_2（二酸化炭素）排出量が相対的に少ない天然ガスに期待する声は高い。ただし、ここに一つの大きな問題がある。それは、シェールガス革命の結果、アメリカ市場での天然ガス価格が劇的に下がっているのに対して、日本市場における天然ガス価格は高止まりしたままだという問題である。

シェールガス革命の影響でアメリカでの天然ガス価格は低落を続け、最近ではmmbtu（百万英国燃料単位）当たり2ドルを割り込んだ。一方、日本での天然ガス価格は東日本大震災（福島第一原発事故）[注24]後急騰し、最近ではついにmmbtu当たり18ドルを突破した。なんと9倍もの価格差が存在するのである。

もちろんアメリカのシェールガスを日本に輸入するには、現地で冷却して液化し、LNG専用船で運搬したうえで、わが国に着いたのち再び気化しなければならないため、コストがかかる。したがって、mmbtu当たり2ドルでシェールガスを購入しても、日本ではmmbtu当たり10ドル程度になると言われている。しかし、たとえ10ドルだとしても、現状の18ドルよりはかなり安い。シェールガス革命を追い風にしてできるだけ安く天然ガスを調達することは、日本のエネルギー政策上の最重要課題だと言ってもけっして過言ではない。

なぜ、日本の天然ガス調達コストは高いのか。一つの理由は、日本を含む東アジアの場合、ヨー

第5章　民主党政権時代（2011年10月3日〜2012年12月25日）

ロッパとは異なり、天然ガスのパイプライン網が整備されていないことである。ヨーロッパ市場での天然ガス価格がアメリカ市場でよりは高く、日本市場でよりは安いのは、アメリカとは違ってシェールガスの本格生産には至っていないこと、日本とは違ってパイプライン網が整備されておりロシア・北アフリカ・北海など複数の供給源から天然ガスを調達できること、によるものである。

しかも、わが国の場合には、他の東アジア諸国よりも深刻な事情がある。例えば韓国では国内の天然ガス・パイプライン網が整備されているが、日本では東海道や山陽道でさえ天然ガスの高圧パイプラインが通じていないのである。域内および国内での立ち遅れを考えると、天然ガス・パイプライン網の整備という点でわが国は、国際水準に比べて、「2周遅れ」の状況にあると言わざるをえない。

【天然ガスを安く調達する方法】

日本の天然ガス調達価格が割高なもう一つの理由は、安定供給確保を第一義的に追求し長期契約方式をとったこともあって、LNG価格の原油価格リンク（油価リンク）を外せないことにある。最近では、シェールガス革命の影響で天然ガスの国際価格は低位で推移しているが、原油価格は基本的に高水準を維持したままである。そのため、油価リンクを解除できない限り、わが国の天然ガス調達価格は高くならざるをえないのである。

この点に関連して、韓国や中国も長期契約方式でLNGを輸入しているから、日本だけでなく東アジア諸国の天然ガス調達コストはおしなべて高いということが、しばしば指摘される。この見解は間

違ってはいないが、最近では、様相が変わりつつある。2011年における日本・韓国・中国のLNG通関輸入価格を月別に示したグラフを見ると、3国のなかでわが国のLNG輸入価格が割高であり、その差が、東日本大震災にともなう福島第一原発事故の影響を受けて、わが国では原発の運転が次々と停止したため、代替エネルギーであるLNGを緊急に確保するため、日本の電力各社が高値でスポット買いしたという事情は、たしかにあるだろう。しかし、この現象の背景には、それだけでは説明しきれない構造的な事情が存在する。それは、日本の電力会社やガス会社が、韓国や中国のライバル達に比べて、LNGを「まとめ買い」する点で立ち遅れており、それが調達価格の差となって表れているという事情である。

先述したサビンパスのLNG基地では、1系列当たり年産375万トンのガス冷却設備を4基建設することになっている。つまり、年間350〜400万トンをまとめ買いすれば、より有利な条件でLNGを購入することができるわけである。現に、インドのGAIL社と韓国のKOGAS社は、年間350万トン購入の長期契約をサビンパスLNG基地とのあいだに締結した。一般的に言って、アメリカからのLNGの輸入については、同国と自由貿易協定（FTA）を結んでいる国に有利で、結んでいない国に不利である。しかし、サビンパスからの輸入に関しては、FTAの有無は無関係とされた。日本と同様にアメリカとの間にFTAを結んでいないインドの会社がサビンパスからのLNG輸入に成功したのは、そのためである。

第5章　民主党政権時代（2011年10月3日〜2012年12月25日）

日本の会社がサビンパスからのLNG輸入に成功しなかった最大の理由は、まとめ買いをする能力に欠ける点にある。この点で注目すべきは、韓国の場合、KOGAS社1社が、電力会社（KEPCO社）や他のガス会社の分まで含めて、必要なLNGをまとめ買いしている点である。これに対して日本の場合には、電力会社やガス会社の足並みがそろわず、まとめ買いがなかなかうまく成立しない。

シェールガス革命の成果をわが国が享受できない大きな理由の一つは、この点にあると言える。

また、日本の電力会社やガス会社がシェールガスの買付けに関して、総合商社に依存する傾向が強いことも問題である。と言うのは、わが国の総合商社は総じて、今世紀にはいってからビジネスモデルを改め、コミッション・マーチャントから資源の山元等に対する投資家へと姿を変えつつあるからだ。山元（ガス田）に利権を持つようになった者にとって、天然ガスを安価で売買することは利害に反する側面があるだろう。もちろん、シェールガスの取引にはたす総合商社の役割を否定するつもりはないが、わが国の電力会社やガス会社は直接、山元やLNG輸出基地に出かけ、そこで商社の力も借りてシェールガスを買い付けるべきだろう。この点で、東京ガスが住友商事と協力して2012年4月、アメリカ・メリーランド州のコーブポイントLNG基地からシェールガス由来のものを含むLNGを年間230万トン輸入する計画を発表したことは、新しい動きとして注目される。

福島第一原発事故後、再構築を迫られることになったわが国のエネルギー戦略にとって、天然ガスを安価に調達することは決定的に重要な意味をもつ。日本の電力会社やガス会社は、シェールガス革命の本場であるアメリカのガス田やLNG基地に直接出かけ、力を合わせて効果的なまとめ買いを実

第Ⅱ部　福島第一原発事故後の電力改革・原子力改革への応用経営史の適用

6　問題解決の道筋の具体的提示

　本章が対象とするのは、2011年10月3日〜2012年12月25日の時期であるが、この時期に筆者が「問題解決の道筋の具体的提示」(応用経営史の第4の作業手順)を企図して行った発言の内容を、確認しておこう。

　まず、2012年2月20日の時点で刊行した文献(78)(『電力改革　エネルギー政策の歴史的大転換』講談社)の結論部分で、次のように述べた。

【電力産業体制・電力需給構造・原子力政策の改革の方向性】

　本書では、応用経営史の手法を採用し、①日本の電力業の産業体制をいかに改革すべきか、②電力の需給構造をいかに改革すべきか、③原子力に関する政策をいかに改革すべきか、という三つのテーマについて検討してきた。ここで、①〜③の改革の方向性について、再確認しておこう。

　①の電力産業体制の改革については、歴史的経緯をふまえると、日本の電力産業にとって電力自由化は、経営の自律性を再び構築する、貴重な機会であると指摘した。そして、電力自由化の進展→

110

第5章 民主党政権時代（2011年10月3日～2012年12月25日）

電力会社による経営の自律性の再構築→電力会社の強靭なエネルギー企業への成長→エネルギー・セキュリティの確保、という論理的連関こそが強調されるべきだと主張した。産業体制改革のポイントは、家庭用・小口用を含めて電力小売の全面自由化を実現すること、および電力会社間競争を本格化することにある。

②の電力の需給構造の改革については、

(a) 需要サイドからのアプローチを重視すること、

(b) 分散型系統運用を導入し、拡充すること、

(c) 電源構成における原子力発電への依存度を低下させ、新しい形で電源構成の最適化を図ること、

の3点が重要であると論じた。電源開発面から見て、日本の電力業は、

(i) 石炭火力発電中心（1887年～1900年代）、
(ii) 水力発電中心（1910年代～1950年代）、
(iii) 石油火力発電中心（1960年代～1973年、1960年代初頭は石炭火力中心）、
(iv) 原子力発電に中心にLNG火力発電と海外炭火力発電を加えた電源の脱石油化（1974年以降）、

という、四つの大きな時代を経験してきた。東京電力・福島第一原子力発電所事故を契機にして、日本電力業は、脱原発依存型の電源構成を擁する新たな時代、通史的に言えば「第5の時代」へ進まなければならないのである。

③の原子力政策の改革については、歴史的経緯をふまえて原子力発電事業を電力会社の経営から切り離し、場合によっては国営化すること、

(a) バックエンド問題について、使用済み核燃料の再処理（リサイクル）路線一本槍を改め、直接処分（ワンススルー）路線との併用を図ること、

(b) 電源開発促進税の地方移管、具体的には原発立地自治体への移管を実現すること、

(c) という三つの方向性を提示した。2030年における発電電力量ベースでの日本の電源構成を見通すと、再生可能エネルギー30％、節電10％、火力40％、原子力20％の「脱原発依存シナリオ」となる確率が最も高い。我々は、今から、「リアルでポジティブな原発のたたみ方」を真剣に考察しなければならないのである。

【ビジネスモデルの歴史的転換】

①の電力産業体制改革、②の電力需給構造改革、③の原子力政策改革のいずれをとっても、それを実現するためには、電力業のビジネスモデルの歴史的な転換が必要不可欠となる。ここで言う「ビジネスモデル」とは、事業の仕組みのことをさす。

①の電力産業体制改革の焦点である電力小売の全面自由化と電力会社間競争の本格化は、1931年以来の出来事となる。約80年ぶりの歴史的転換を実行しようというわけである。

②の電力需給構造改革のうち需要サイドからのアプローチの重視は、本格的なものとしては、日

第5章 民主党政権時代（2011年10月3日〜2012年12月25日）

本電力業史上初めての挑戦となる。分散型系統運用の導入、拡充は、1910年代に進行した電源構成の水主火従化にともない集中型系統運用一本槍になった状況を大きく変えようとするものであり、100年マターの大変革と言える。原子力発電への依存度の低下も、1973年の石油危機以来のパラダイムを転換させようとするものである。

③の原子力政策改革の(a)原発事業のを電力会社経営からの切り離し、(b)バックエンド問題でのリサイクル路線とワンススルー路線との併用、(c)電源開発促進税の地方移管、という3点は、1950年代半ばにスタートした日本の原子力政策のあり方を根本的に変える意味合いをもつ。これもまた、事業の仕組みの歴史的転換なのである。

東京電力・福島第一原子力発電所事故をふまえた電力改革は、これら一連のビジネスモデルの歴史的転換が起きなければ、実現されることはない。日本電力業は、求められるビジネスモデルの歴史的転換を達成しうるか、正念場を迎えている。

この文中に出てくる「リアルでポジティブな原発のたたみ方」について、筆者は、2012年5月11日に日本記者クラブで行った講演で、次のように説明した。文献 (110) は、この講演の記録である。

【原発は過渡的エネルギー】

原子力にはほかの選択肢にはない非常に大きな問題があります。それは、ご存じのように使用済核

113

第Ⅱ部 福島第一原発事故後の電力改革・原子力改革への応用経営史の適用

燃料の処理問題、バックエンド問題であります。これは私、理科系ではないので、地層処分が安全かどうかという点については、はっきりいってわかりません。わかりませんが、社会的に考えまして も、たとえサイクルを回すにしても、最終的な捨て場は必要なわけです。この捨て場をどうみつける のか。あるいは、みつけたとしても、数万年にわたる核汚染が続いている状況の中で、その情報を何 千世代にもわたって正しく伝える仕組みをどうやってつくるのか。はっきりいって非常に難しいので はないかと思います。不可能だとはいわないけれども、不可能に近いのではないか。推進派の人は、 フィンランドは解決したといいますけれども、とてもまだそこまではいえないと思います。時期尚早 だと思います。

となりますと、原発というオプションについては、このバックエンド問題を考えると、人類全体に とって今世紀半ばぐらいまでの過渡的なエネルギーと考えたほうが大局的には正しいのではないか。 これがもう一つ持っている考え方であります。

そのときに反対派の人は、なぜ今世紀半ばまで待つのかと、こういうふうにいわれますが、これは こういうことです。日本がここでやめようがやめまいが関係なく、新興国は原発を建ててきます。現 状、世界の人口70億人のうち12億人には電気は届いていません。届いているところでも、消費量がこ れから劇的にふえてきますので、日本がどうあろうと関係なく、中国、インド、韓国、ベトナム、ロ シア等々では原発が今世紀前半に建ってきますので、そういう意味で今世紀前半と申しあげていま す。ただし、そういう国も含めて、バックエンド問題というのは解決困難ではないか。そうなると、

114

第5章　民主党政権時代（2011年10月3日〜2012年12月25日）

人類全体で今世紀半ばくらいまでの過渡的エネルギーと考えたほうがいい。これが私の大局観であります。

これは反原発の人がいうように、もともと原子力はだめだという考え方とは違います。石油危機から21世紀半ばまでの人類への貢献を認めたうえで、しかも、そのうえで原発をやめていく、こういう考え方です。

【リアルでポジティブなたたみ方】

ただ、やめるのには時間がかかります。かかりますので、原発のたたみ方というのを現時点からまじめに考えていかなければいけない、こういうことになります。そのときに、リアルでポジティブなたたみ方が大事だ、こう申しあげています。

リアルというのは、推進派の人に向けて言いたいことです。この自給率4％の国で、それでも3・11の前から原子力に対する不信感というのはあったと思います。それはやはり、安全神話にリアリティーがなかったからだと思います。そういう意味でのリアルさが必要です。

ポジティブというのを強調するのは、この国は広島を経験しました。長崎を経験しました。第五福竜丸を経験しました。にもかかわらず、ドイツの緑の党のような政党が育ってきませんでした。これは、私ははっきりいって、反原発の人が建設的な対案を示すことに成功してこなかったからだと思います。

第Ⅱ部　福島第一原発事故後の電力改革・原子力改革への応用経営史の適用

その意味で、リアルでポジティブなたたみ方ということをまじめに考えていくという局面に入ったのではないかと思います。これが私の大きな意味での大局観です。

前述の文献（78）の内容からもわかるように、2012年5月まで筆者は、2030年における原発依存度を20％程度と見込んでいた。しかし、2012年6月に原子炉等規制法が改正され、原子力発電所については、運転開始から40年経った時点で廃炉とすることが原則とされたことを受けて、それ以降は、2030年の原発依存度について15％程度と見通すようになった。この見方は、現在（2015年10月末時点）でも変らない。

総合資源エネルギー調査会基本問題委員会は、2030年の原子力発電比率について、筆者は15％案（いわゆる「15シナリオ」）の主唱者となった。『東洋経済新報』2012年11月2日号（臨時増刊号）に載った文献（149）は、民主党政権末期の時点における筆者の原子力改革に関する考えをまとめたものである。そこで展開した議論は、次のようなものであった。

【政府・民主党のエネルギー新戦略の矛盾】

政府は、民主党の新政策をふまえて2012年9月14日、2030年代に原子力発電所の稼働をゼロにすることをめざす方針を盛り込んだ新しい「エネルギー・環境戦略」をまとめた。しかし、翌朝の新聞各紙が大見出しで伝えた（一例をあげれば、『日本経済新聞』の見出しは「原発ゼロ　矛盾随

116

第5章　民主党政権時代（2011年10月3日〜2012年12月25日）

「2030年原発ゼロ」ように、その内容は矛盾に満ちたものとなった。
「2030年原発ゼロ」方針を打ち出す一方で政府は、原発ゼロであれば本来必要なくなるはずの六ヶ所・再処理工場等での使用済み核燃料リサイクル事業について、継続することを決めた。また、東京電力・福島第一原発事故後建設工事がストップしていた中国電力・島根原発3号機およびJ－POWER・大間原発についても、工事再開を事実上容認した。このような矛盾の顕在化は、政府が「2030年代原発ゼロ方針」の決定を急ぎ、事前に原子力施設が立地する自治体との調整を十分に行わなかったことの必然的帰結である。とくに六ヶ所村や大間町がある青森県の協力を得られなければ、六ヶ所村に送られた使用済み核燃料が全国各地の原発に返送され「原発即時ゼロ」の事態が生じかねないため、政府は、「2030年代原発ゼロ」方針に対する青森県の反発を極力和らげようとしたのである。

政府は、2030年の原発依存度を0％とする「ゼロシナリオ」、15％とする「15シナリオ」、20〜25％とする「20〜25シナリオ」の三つを提示し、2012年夏に、国民的議論を組織した。古川元久国家戦略担当大臣は、9月4日に発表した国民的議論の結果に関する見解のなかで、

① 「少なくとも過半の国民は、年齢や性別の違いはあるにせよ、原発に依存しない社会にしたいという方向性を共有している」、

② 「ゼロシナリオ以外の支持率という括り方でみると、討論型世論調査で5割を占め、各種世論調査で5〜7割を占めている。2030年までにゼロという点に関しては、調査にもよるが半

117

第Ⅱ部　福島第一原発事故後の電力改革・原子力改革への応用経営史の適用

数程度の国民が何らかの懸念を有している」、という2点を指摘した（国家戦略担当大臣「国民的議論に関する検証会合の検討結果について」、2012年9月4日、12頁）。

つまり政府は、何らかの形で原発ゼロ方針を打ち出すのであれば、古川国家戦略相が言及した②の懸念を払拭する必要があった。しかし、現実には、そのような措置をほとんど講じないまま、政府・民主党は「2030年代原発ゼロ方針」を決定した。政府・民主党がこのように拙速ともいえる形で方針決定を急いだのは、多くのメディアが指摘するように、「近いうちに」総選挙が行われることを見込んで政治的思惑を働かせたからだと考えるのが、自然だろう。

【求められるリアルでポジティブな原発のたたみ方】

くらしや産業のあり方に大きな影響を及ぼすエネルギー戦略を目先の政治的思惑で決めることが間違っていることは、言うまでもない。中長期的な視座から未来を見通し、腰を据えてしっかりした判断を下さなければならない。

中長期的な視座に立ったしっかりしたエネルギー戦略とは、どのようなものであろうか。それは、

(1) 脱原発依存を明確に打ち出し、空理空論ではない「リアルでポジティブな原発のたたみ方」を追求する、

(2) 2030年以降については、現時点で原発依存度を決め打ちせず、①再生可能エネルギー利

118

第5章　民主党政権時代（2011年10月3日〜2012年12月25日）

用の拡大、②省エネ・節電の徹底、③火力発電の低コスト化・ゼロエミッション化、を最大限実行したうえで、①〜③が不確実性をもつことをふまえ、将来の世代が改めてあるべき電源構成を決定する、という2点を骨子とするものになろう。

筆者は、政府が国民的議論にかけた「ゼロシナリオ」、「15シナリオ」、「20〜25シナリオ」という三つのシナリオのうち、「15シナリオ」を支持した。と言うのは、「15シナリオ」が、上記の二つの考え方に立つものだったからである。

「15シナリオ」は、「リアルでポジティブな原発のたたみ方」を追求した場合、2030年度の原発存度が15％程度になると見込むものである。「たたみ方」という表現は、すぐにではなくとも長期的には原子力発電をやめることを意味する。なぜ、原発停止を前提とするのか。それは、筆者が、使用済み核燃料の処理問題、いわゆる「バックエンド問題」を根本的に解決するのは困難だと考えるからである。

バックエンド問題に対処するためには、使用済み核燃料を再利用するリサイクル方式をとるにしろ、それを1回の使用で廃棄するワンススルー方式をとるにせよ、最終処分場の立地が避けて通ることのできない課題となる。この立地を実現することは、きわめて難しい。

リサイクル方式をとれば最終処分量は減るかもしれないが、使用済み核燃料の再処理技術それ自体がなかなか確立されない現実がある。また、プルトニウムを取り扱うことから、核兵器への転用をど

119

第Ⅱ部　福島第一原発事故後の電力改革・原子力改革への応用経営史の適用

のように阻止するのかという、難題も残る。

　筆者は、原発が20世紀後半から21世紀前半にかけての人類の進歩に貢献した（する）ことを、高く評価する。21世紀の前半にも、電力不足を解消するため、中国・インド・ベトナムなどの新興国では、原発の新増設が続くだろう。しかし、バックエンド問題を解決できない限り、原発は、人類の歴史の一時期に役割を果たした（す）過渡的エネルギー源に過ぎないのである。

　原発の今後のあり方を論じる際に最も重要な点は、「反対」、「推進」という原理的な2項対立から脱却し、危険性と必要性の両面を冷静に直視して、現実的な解を導くことである。日本におけるこれまでの原発論議では、2項対立の構図のなかで、反対派と推進派が互いにネガティブ・キャンペーンを繰り返してきた感が強い。もはや、そのような時代は終った。相手を批判するときには、必ず、リアルでポジティブ（積極的ないし建設的）な対案を示すべきである。

　リアルな議論を展開しなかったからこそ、原発推進派は、エネルギー自給率4％（2008年）という資源小国でありながら、これまで原発への風当たりを弱めることができなかった。ポジティブな対案を示さなかったからこそ、原発反対派は、広島・長崎・第五福竜丸を経験した被爆国でありながら、これまでドイツの緑の党のような有力な脱原発政党を育てることができなかった。原発のたたみ方を論じるのであれば、それはリアルでポジティブなものでなければならない。筆者が、「リアルでポジティブな原発のたたみ方」という表現をとるのは、このためである。

120

第5章　民主党政権時代（2011年10月3日〜2012年12月25日）

【原子力依存度は「引き算」で決まる】

「リアルでポジティブな原発のたたみ方」の内容について、掘り下げてみよう。

福島第一原発事故によって、わが国のエネルギー政策はゼロ・ベースで見直されることになったが、見直しに当たっては、政策立案に影響を与える不確実性が高い要素が三つある。それは、

A　太陽光、風力など再生可能エネルギーを利用する発電の普及につながる技術革新がどこまで進むか（とくに出力が不安定である太陽光発電、風力発電の弱点を補う蓄電池の技術革新がどこまで進むか）、

B　民生用を中心にして省エネルギーによる節電が行われ電力使用量がどの程度減少するか、および

C　火力発電用燃料の低コストによる調達がどれほど進み、石炭火力発電のゼロ・エミッション化につながるIGCC（石炭ガス化複合発電）、CCS（二酸化炭素回収・貯留）などの実用化がどれほど進展するか、

という3要素である。

端的に言えば、今後の電源構成を決める独立変数は、A〜Cの要素にある。原子力発電のウェートは、A〜Cの進展度合いによって、別言すれば「引き算」によって決まるのであり、原子力発電そのものが独立変数になるわけではないのである。

「15シナリオ」は、原発をたたむ方向性を明確に打ち出している。その一方で、たたみ方のペース

については、A〜Cの要素の不確実性をふまえて、最終的な決定を将来にゆだねる立場をとる。「15シナリオ」は、原子力依存度を「引き算」で決める立場を反映したものであり、2項対立を超えて問題を前向きに解決する意味合いをもっと確信している。

【3 シナリオ間の地球温暖化対策の違い】

ここで見落としてはならない点は、「ゼロシナリオ」と「15シナリオ」・「20〜25シナリオ」とでは、再生可能エネルギー導入政策や省エネ推進政策のあり方が相当異なることである。とくに省エネ推進政策の違いは大きく、「ゼロシナリオ」の場合には、「重油ボイラーの原則禁止」、「省エネに劣る空調の改修義務づけ」、「中心市街地へのガソリン車等の乗り入れ制限」などの厳しい措置が講じられることになる。

「ゼロシナリオ」が原子力依存度をゼロとするにもかかわらず、「15シナリオ」と同様に、2030年において二酸化炭素等排出量を1990年と比べて23％削減することが可能だとしていたのは、上記のような過酷とも言える厳しい省エネ対策を講じるからである。筆者は、このような厳しい省エネ対策は、実現が難しいと考える。これが、同じく原発依存度を下げるという立場をとりながら、「ゼロシナリオ」ではなく「15シナリオ」を支持する、もう一つの理由である。

第5章　民主党政権時代（2011年10月3日〜2012年12月25日）

【電力料金値上げの打撃を回避するために】

もう一つ強調しておきたい点は、三つのシナリオのうちどれが選択されるにしても、このままでは大幅な電力料金の値上げが避けられないことである。総合資源エネルギー調査会基本問題委員会が発表したコスト等検証委員会の発電コストに関するデータにもとづく試算によれば、2030年に電力料金は、2010年度の水準と比べて、「ゼロシナリオ」では99〜102％、「15シナリオ」では71％、「20〜25シナリオ」では54〜64％、それぞれ上昇する。

大幅な電力料金の上昇は、国内製造業の競争力低下、ひいては生産縮小に直結する。それは、産業の国内基盤を根底的に脅かし、日本経済に甚大な打撃を及ぼすことになりかねない。

そのような状況を現出させないためには、アメリカで起きたシェールガス革命をふまえて天然ガスを安価に調達することが決定的に重要な意味をもつ。日本の会社がこれまでシェールガス由来のLNG（液化天然ガス）輸入に成功しなかった理由の一端は、まとめ買いをする能力に欠けていた点に求めることができる。この点で注目すべきは、韓国の場合、KOGAS社1社が、電力会社（KEPCO社）や他のガス会社の分まで含めて、必要なLNGをまとめ買いしていることである。これに対して日本の場合には、電力会社やガス会社の足並みがそろわず、まとめ買いがなかなかうまく成立しない。シェールガス革命の成果をわが国が享受できない大きな理由の一つは、この点にあると言える。

わが国の電力会社やガス会社は、シェールガス革命の本場であるアメリカのガス田やLNG基地に直接出かけ、力を合わせて効果的なまとめ買いを実行し、この国民的課題を達成する先頭に立たなけ

123

第Ⅱ部　福島第一原発事故後の電力改革・原子力改革への応用経営史の適用

ればならない。また、日本政府は、そのような動きを支援するため、アメリカ政府を相手にした新しいタイプの「資源外交」を展開すべきである。

【予想される今後の展開】

いずれにしても、政府・民主党が拙速ともいえる形で決定した「2030年代原発ゼロ」方針は、矛盾に満ちており、このまますんなり実行されることは困難だろう。政府・民主党があわてて「2030年代原発ゼロ」方針を決めたのは、総選挙が近いからであるが、その総選挙では民主党の敗北と政権の交代が、高い確率で見込まれる。

本来、中長期的な視座から未来を見通し、腰を据えてしっかりした判断を下したうえで決定しなければならなかったはずの福島第一原発事故後の新しい「エネルギー・環境戦略」は、総選挙後登場する新政権のもとで、根本的に作り直されることになるだろう。その場合、矛盾だらけの「2030年代原発ゼロ」方針は取り下げられ、(1) 脱原発依存を明確に打ち出す、(2) 2030年以降については、現時点で原発依存度を決め打ちせず、不確実性をもつ要因の動向を見きわめたうえで、将来世代が改めてあるべき電源構成を決定する、という「15シナリオ」に近い線が再浮上するのではなかろうか。

第5章 民主党政権時代（2011年10月3日～2012年12月25日）

【注】

18 具体的には、パブリックコメント、全国11ヵ所での意見聴取会、討論型世論調査などの形で、国民的議論が試みられた。ただし、これらの試みによって、国民の意見が本当に明らかになったかについては、評価が分かれる。

19 原子力損害賠償支援機構は、原子力関連事故にともなう損害賠償を迅速かつ適切に行う目的で、2011年9月12日に設立された。その後、廃炉等の支援業務も担当することになったため、2014年8月18日に、原子力損害賠償・廃炉等支援機構へ改組された。

20 3条委員会とは、国家行政組織法第3条にもとづいて設置される、独立性の高い行政委員会のことである。

21 原子力を除く。

22 文献⑴37⑵は、『プレジデント』2012年9月17日号に掲載された。その後、大崎クールジェン（株）は、2013年3月に実証試験に必要な設備の建設を開始した。

23 JETROとは、Japan External Trade Organizationの略称で、独立行政法人日本貿易振興機構のことである。

24 文献⑴18⑵は、『プレジデント』2012年7月16日号に掲載された。

125

第6章 自民党政権時代（2012年12月26日以降）

1 事実経過

本章では、自民党政権下の2012年12月26日から本書の執筆時点である2015年10月31日までの時期に目を向ける。まず、事実経過を確認しておこう。

2012年12月26日に発足した第2次安倍内閣の茂木敏充経済産業大臣は、原子力政策・電力政策を含む新しいエネルギー政策の方向性を審議する場を、民主党政権下の総合資源エネルギー調査会基本問題委員会から、既存の総合資源エネルギー調査会総合部会に移した。総合部会でのエネルギー政策をめぐる審議は、2013年3月15日に再開した。再開当時、総合部会の座長は三村明夫新日鐵住金（株）相談役であり、筆者も15人の委員の一人であった。その後、総合資源エネルギー調査会総合部会は、2013年6月30日の審議会組織見直しにより、総合資源エネルギー調査会基本政策分科会に改組された。基本政策分科会でのエネルギー政策をめぐる審議は、2013年7月24日に開始された。この時点における基本政策分科会の座長・委員は、総合部会のそれと同一であった。

126

第6章　自民党政権時代（2012年12月26日以降）

総合部会での審議再開に先立って、電力システム改革専門委員会が2013年2月15日に報告書をとりまとめ、そのなかで、①2015年を目途とする第1段階では広域検討運用機関を設立する、②2016年を目途とする第2段階では電力小売の全面自由化を実施する、という3段階の改革方針を打ち出した。原子力発電に比べて電力システム改革は、自民党政権と民主党政権とのあいだの意見の違いが、それほど大きくないテーマであった。

2012年9月に発足した原子力規制委員会は、2013年7月8日、新しい規制基準を施行した。この基準は、重大事故（シビアアクシデント）対策の強化、バックフィット制度の導入、運転期間延長認可制度の導入、発電用原子炉に関する安全規制の原子炉等規制法への一元化、などを主要な内容としていた。

新規制基準が施行されてから13日後の2013年7月21日、参議院議員選挙が行われた。この選挙でも自民党は勝利し、「原発回帰」の方向性が強まった。同様の結果は、2014年2月9日の東京都知事選挙や2014年12月14日の総選挙でも繰り返された。

2013年9月15日、関西電力は、大飯3号機の運転停止後、国内で唯一稼動していた原子炉である大飯4号機の運転を、定期検査のため停止した。これによって再び、「原発ゼロ」の状況が現出した。

エネルギー政策に関する審議を進めていた総合資源エネルギー調査会基本政策分科会は、2013年12月13日の会合で、「エネルギー基本計画に対する意見」を取りまとめた。それを受けて、安倍内

閣は、2014年4月11日、新しいエネルギー基本計画（第4次エネルギー基本計画）を閣議決定した。この計画は、その冒頭で「震災前に描いてきたエネルギー戦略は白紙から見直し、原発依存度を可能な限り低減する。ここが、エネルギー政策を再構築するための出発点であることは言を俟たない」と宣言し、さらに本文中にても、「原発依存度については、省エネルギー・再生可能エネルギーの導入や火力発電所の効率化などにより、可能な限り低減させる」と書いた。また、「再生可能エネルギーについては、2013年から3年程度、導入を最大限加速していき、その後も積極的に推進していく」とも記述した。これらの文言をふまえて安倍首相は、「原発依存度を可能な限り減らす」、「再生可能エネルギーを最大限導入する」と、国会答弁等で繰り返し発言した。

一方で、第4次エネルギー基本計画は、原子力発電について、「重要なベースロード電源」と規定し、「確保していく規模を見極める」とした。このため、原発依存度を含めた将来の電源構成に関しては、不透明感が残ったままだった。その不透明感は、第4次基本計画決定の際に、2030年の電源構成見通し（いわゆる「電源ミックス」）の策定が先送りされたことによって、決定的なものとなった。

2030年の電源構成見通し策定のための審議は、ようやく2015年1月30日になって、総合資源エネルギー調査会基本政策分科会のもとに設置された長期需給見通し小委員会の場で開始された。この小委員会の座長は坂根正弘（株）小松製作所相談役であり、筆者も14人の委員の一人として参加した。

長期需給見通し小委員会での審議をふまえて政府は、2015年7月16日、「長期エネルギー需給

第6章　自民党政権時代（2012年12月26日以降）

見通し」を決定した。その内容は、2030年における電源構成（電源ミックス）については「原子力20～22％、再生可能エネルギー22～24％、LNG（液化天然ガス）火力27％、石炭火力26％、石油火力3％」とし、再生可能エネルギー電源の内訳を「水力9％、バイオマス4％、地熱1％、太陽光7％、風力2％程度」とした。また、同時に決定された2030年における一次エネルギー（発電用のみならず、民生用・運輸用・産業用の燃料需要等を含む）供給の構成（エネルギーミックス）は、「石油30％、LPガス3％、石炭25％、天然ガス18％、再生可能エネルギー13～14％、原子力10～11％」であった。長期エネルギー需給見通しの決定によって日本政府は、2015年11月30日にパリで始まるCOP21（国連気候変動枠組条約第21回締約国会議）に、「2030年度に2013年度比で温室効果ガス排出量を26％削減する」という目標を掲げて臨むことになった。

2015年3月17日、関西電力は美浜1、2号機の廃炉を、日本原子力発電（原電）は敦賀1号機の廃炉を、それぞれ決定した。翌18日には、中国電力が島根1号機の廃炉を、九州電力が玄海1号機の廃炉を、あいついで決定した。これら5基はいずれも、運転開始から40年前後が経過しており、「40年廃炉原則」の存在が、廃炉決定の大きな要因となった。

一方で2015年8月11日には、九州電力・川内1号機が再稼働し、ほぼ2年ぶりに「原発ゼロ」の状況は終焉した。川内1号機の再稼働は、原子力規制委員会が制定した新しい規制基準をクリアした最初の事例として、社会的な注目を集めた。2015年10月15日には、九州電力・川内2号機も再稼働した。2015年10月末時点で、新しい規制基準をクリアした原発としては、川内1、2号機の

ほかに、関西電力・高浜3、4号機、四国電力・伊方3号機の3基が存在する。

2 文献のリスト

自民党政権下の2012年12月26日〜執筆時点(2015年10月末)の時期に、筆者(橘川)が発表した文献のリストは、以下のとおりである。

(161) 「今後のエネルギー戦略に必要な視点 現実性、総合性、国際性をもって議論を」『Business i. ENECO 地球環境とエネルギー』2013年1月号、日刊工業新聞社、2013年1月1日。

(162) 「談論：企業の国際化とエネルギー戦略」『旬刊経理情報』2013年1月1日号。

(163) 「関電の苦難克服と太田垣士郎」『電気新聞』2013年1月9日付。

(164) 「エネ政策、6〜7月電力値上げ・新原発基準等3項目に注目—橘川教授に検討の行方、エネ業界の対応等を聞く—」『石油ガス・ジャーナル』2013年1月11日号。【インタビュー】。

(165) 「嶺南と原発3・11以前(上) 共生すれど依存せず」『福井新聞』2013年1月12日付。「希望 あしたの向こうに File 45」。

(166) 「嶺南と原発3・11以前(下) 医療・福祉、観光が鍵」『福井新聞』2013年1月19日付。

第6章　自民党政権時代（2012年12月26日以降）

(167)「希望 あしたの向こうに File 46」。

(168)「嶺南と原発 3・11以後⊕ 福井目線が難局動かす」『福井新聞』2013年1月26日付。

(169)「希望 あしたの向こうに File 47」。

(170)「嶺南と原発 3・11以後⊕ 当事者が希望を見いだす」『福井新聞』2013年2月2日付。「希望 あしたの向こうに File 48」。

(171)「嶺南と原発 3・11以後㊦ 原発からの出口戦略を」『福井新聞』2013年2月9日付。「希望 あしたの向こうに File 49」。

(172)「今、そこにある危機 日本経済の再構築とエネルギー政策のあり方」中部電力株式会社『場ba』Vol.5、2013年2月。

(173)「エネルギー政策 6月に向けて脱原発か否かが決まる」『週刊エコノミスト臨時増刊図説日本経済2013』2013年2月11日号、129-131頁。

(174)「浜岡、六ヶ所、東通、むつ、大間」『電気新聞』2013年2月28日付。

(175)「2050年代の脱原発は不可避＝橘川・一橋大学大学院教授」、ロイター、2013年3月15日発信。【インタビュー】。http://jp.reuters.com/article/businessNews/idJPTYE92E03X20130315。

(176)「最前線の『現場力の高さ』実感」『静岡新聞』2013年3月20日付。【インタビュー】。

(177)「日本のエネルギー問題 現実的で前向きな議論が必要」『静岡新聞』2013年3月28日

付.【澤木久雄SBSラジオパーソナリティーとの対談】。

(176) "Ratios of Power Sources in Japan in 2030", *The Japan Journal*, Vol. 10, No. 1, 2013年4月1日。

(177) 「浅説2030年代的日本電力構成」『日本総述(The Japan Journal)』第109期(2013年4月) 2013年4月1日。

(178) 「太陽光を根付かせるための条件　普及促進のカギ握る『屋根貸し』制度」『Business i. ENECO　地球環境とエネルギー』2013年4月号、日刊工業新聞社、2013年4月2日。

(179) 「日韓が手を組めば、天然ガス価格は下がる」『プレジデント』2013年4月29日号。

(180) 「火力建設なら雇用増」『福井新聞』2013年4月17日付。【インタビュー】。

(181) 「橘川教授『ルール厳格で2030年の原発依存は半減、火力発電等ガスの有効利用へ官民努力が鍵に』」『石油ガス・ジャーナル』2013年4月19日号。【インタビュー】。

(182) 「東京電力・福島第一原発事故と経営学・経営史学の課題」経営学史学会編［第二十輯］『経営学の貢献と反省——二十一世紀を見据えて——』文眞堂、2013年5月17日。

(183) 「今を読み解く　シェール革命の波及効果　成果の享受へ議論を」『日本経済新聞』2013年5月19日付。

(184) 「LNGスポット調達の日韓協力」『電気新聞』2013年5月31日付。

(185) 「エネルギー基本計画見直し　堅持すべき4つの視点　原発利用の現実解示せ」『日経エコ

第6章　自民党政権時代（2012年12月26日以降）

(186)「脱スローガン　依存度低減のシナリオを」「原発　リアルな視点③」『西日本新聞』2013年6月20日付。【インタビュー】

(187)「一橋大学・経済産業研究所　政策フォーラム　資源エネルギー政策の焦点と課題」「ポジティブな方法論を提起」『日本経済新聞』2013年6月28日付夕刊【パネルディスカッション記録】。

(188)「現実的な脱原発策必要」『山陰中央新報』2013年6月30日付。「ここが論点　'13参院選　有識者インタビュー③エネルギー政策」。【インタビュー】

(189)「日本のエネルギーのあゆみ」『JICA's World』JULY 2013, JICA（独立行政法人国際協力機構）、2013年7月1日。【インタビュー】

(190)「日韓で北東アジアをLNG取引の世界的ハブに　『アジアプレミアム』解消に有効な資源外交とは」DIAMOND online, 2013年7月9日発信。http://diamond.jp/articles/-/38530

(191)劉軍国「日本実施核電站新安全標准」『人民日報』2013年7月9日付。【インタビュー記事】。

(192)「依存度低減は不可避」『毎日新聞』2913年7月9日付。「原発再稼働を聞く」。【インタビュー】。

(193)「原発の将来　現実的に考えよ」『熊本日日新聞』2013年7月10日付。【インタビュー】。

(194)「将来の原発比率は参院選で示すべき　東電は発電所売却を」『週刊ダイヤモンド』2013年7月13日号。「特集2　原発復活」。【インタビュー】。

(195)「石炭火力発電活用もエネルギー確保に有効　カギは二国間オフセット・クレジットの確立」DIAMOND online、2013年7月16日発信。http://diamond.jp/articles/-/38794

(196)「CO2フリー水素チェーン」『電気新聞』2013年7月17日付。

(197)「原発に依存しない嶺南の未来図」東大社研・玄田有史編『希望学　あしたの向こうに　希望の福井、福井の希望』東京大学出版会、2013年7月25日。

(198)『原子炉減少』への始まり」『日本経済新聞』2013年8月6日付。「経済教室　原発再稼働への焦点(下)」。

(199)「スマートコミュニティ構築に向けて本格化する業界再編や制度改革　[ACEJ特別講演会レビュー2]　鼎談（前編）」、『日経ビジネスオンライン』2013年8月19日発信。【佐藤ゆかり・柏木孝夫との鼎談】。http://special.nikkeibp.co.jp/as/2013/acej/report/04/

(200)「難航する原子力再稼動　エネ問題の課題を　電気新聞・これからのエネルギー委員会　第1回座談会」『電気新聞』2013年8月19日付。【勝間和代・山地憲治・山本隆三・鈴木光司・山名元との座談】。

(201)「エネルギー産業の最前線」『電気新聞』2013年8月29日付。

(202)「電力事業のインフラの父　松永安左エ門」『月刊事業構想』2013年9月号。

第6章　自民党政権時代（2012年12月26日以降）

(203)「経済性から見た日本の石炭火力発電　国富流出削減、CO2排出削減、インフラ輸出の"切り札"」『Business i. ENECO　地球環境とエネルギー』2013年9月号、日刊工業新聞社、2013年9月1日。

(204)「政府主導で国際標準化戦略を強化し日本のスマートコミュニティを世界へ」【ACEJ特別講演会レビュー2】鼎談（後編）、『日経ビジネスオンライン』2013年9月2日発信。

(205)【佐藤ゆかり・柏木孝夫との鼎談】http://special.nikkeibp.co.jp/as/2013l/acej/report/05/2013年10月号、2013年10月1日。

(206)「『近さ』と『多様性』と『チャンス』　極東を象徴するキーワード」『エネルギーフォーラム』2013年10月号、2013年10月1日。

(207)「東電、発電所売却し廃炉費用に＝橘川武郎教授」ロイター、2013年10月17日発信。【インタビュー】http://jp.reuters.com/article/topNews/idJPTYE99G05520131017?sp=true

(208)「シェール革命の最新事情　リッチガスが牽引し活力を継続」『ガスエネルギー新聞』2013年10月28日付。

(209)「電気新聞・これからのエネルギー委員会　日本のエネルギー　これからの原子力」『電気新聞』2013年11月1日付。【勝間和代・鈴木光司・末永洋一・佐藤学とのディスカッション】。

「動画報告（プレス・ブリーフィング）：日本のエネルギー問題」、2013年11月6日、フォーリン・プレスセンター」、フォーリン・プレスセンターホームページ、2013年11

(210)『世界のなかの日本経済：不確実性を超えて2　日本のエネルギー問題』NTT出版、2013年11月15日。

(211)「この一冊」遠藤典子著『原子力損害賠償制度の研究』」『日本経済新聞』2013年11月23日付。

(212)「発電資産の売却以外に道はない　東電生き残りと業界再編」『週刊エコノミスト』2013年11月26日号。

(213)安達一将「2030あおもりの未来　原発依存から自立へ　第5部提言・エネルギー編②　原子力の国際化『平和利用は青森から』　濃縮ビジネスに可能性」『東奥日報』2013年11月28日付。【インタビュー記事】。

(214)「極東ロシアのエネルギー事情」『電気新聞』2013年11月29日付。

(215)「エネ比率の決定時期が重要」『日刊工業新聞』2013年12月17日付。「深層断面　温室効果ガス削減　2020年以降どう描く『新目標』」。【インタビュー】。

(216)「新しい『エネルギー基本計画』の意義と問題点」『ガスエネルギー新聞』2013年12月23日付。

(217)「官と民との緊張関係薄れる」『電気新聞』2013年12月26日付。特集「第1次オイルショックから40年」。【インタビュー】。

月7日アップロード。【講演記録】。http://fpcj.jp/worldnews/briefings/,p=16918/

第6章　自民党政権時代（2012年12月26日以降）

(218) 「LNG価格の引き下げ欠かせぬ」SankeiBiz「政策・市況」、2013年12月27日発信。【インタビュー】。http://www.sankeibiz.jp/macro/news/131227/mca1312270503007-n1.htm

(219) 「エネルギー政策　依存度は2030年に15％　原発の鍵握る「40年廃炉」」『週刊ダイヤモンド』2013年12月28日・2014年1月4日号。

(220) 「シェール革命　米国発シェール革命で一変　世界のエネルギー市場」『週刊ダイヤモンド』2013年12月28日・2014年1月4日号。特集「総予測2014→2020」。

(221) 「原発は世界に何基あるか」『文藝春秋』2014年2月号　特集「総予測2014→2020」。

(222) 「エネルギー強靭化の秘密兵器は『水素』にあり」『プレジデント』2014年2月3日号。

(223) 「『現実性』『総合性』『国際性』の視点が重要」SankeiBiz「政策・市況」2014年1月16日発信。「シリーズ　エネルギー政策を問う」。【インタビュー】。http://www.sankeibiz.jp/macro/news/140116/mca1401160504010-n1.htm

(224) 滝順一「『原発のたたみ方』提唱者　東電再建計画に苦言」『日本経済新聞オンライン』2014年1月20日発信。「科学記者の目」。【インタビュー】。http:www.nikkei.com.article/DGXBZO65394700W4A110…

(225) 「シェール革命の継続と変容」『電気新聞』2014年1月24日付。

(226) 「東電、発電設備の継続と売却を」『日本経済新聞』2014年1月29日付。「経済教室　エネル

(227) 「最近のエネルギー事情と水素利用の今後」燃料電池開発情報センター『燃料電池』Vol.13、No.3（2014年冬号）、2014年1月30日。
(228) 「『高効率』の積極展開で経済性と環境性を両立」『エネルギーフォーラム』2014年2月号、2014年2月1日。「問われる『火力』戦略〈後編〉復権なるか！ ベース電源『石炭』の課題と展開」。【インタビュー】。
(229) 「リアルでポジティブな原発のたたみ方」『SYNODOS』、2014年2月6日発信。http://synodos.jp/society/6955
(230) 「原発の再稼動はこれからどう進むか」『プレジデント』2014年3月3日号。
(231) 「電力システム改革 発送電分離は2018〜20年を目途に」『週刊エコノミスト臨時増刊図説日本経済2014』2014年2月10日号。
(232) "Nuclear Issue in Limbo as Indecision Grips Japan", by Martin Fackler, *THE NEW YORK TIMES*, 2014年2月12日付、International. A4, A8.【インタビュー記事】。
(233) 「原子力正常化に期待 本紙・これからのエネ委員会 大阪でフォーラム」『電気新聞』2014年2月21日。
(234) 「原発の出口はどこにあるのか」『α-SYNODOS』Vol.143、2014年3月1日発信。【インタビュー】。http://synodos.jp/a-synodos

ギー政策を問う⑭」。

第6章　自民党政権時代（2012年12月26日以降）

(235) 「アゴラシンポジウム『持続可能なエネルギー戦略を考える』報告　原発ゼロは可能か」『日本経済新聞』2014年3月5日付。【シンポジウム記事】。

(236) 「徐々に脱原発実現を」『朝日新聞』2014年3月6日付。「東日本大震災3年④　電力問われる日本の電源」。【インタビュー】。

(237) 『エネルギー新時代におけるベストミックスのあり方　一橋大学からの提言』第一法規、2014年3月10日。

(238) 田原総一朗『ドキュメント原子力戦争④　脱原発を許さないアメリカの都合』『文藝春秋』2014年4月号、2014年3月10日。【インタビュー記事】。

(239) "Japan nach Fukushima: Gebremste Atomrenaissance" (von Joachim Wille), Frankfurter Rundschau, 2014年3月11日。【インタビュー記事】。http://www.fr-online.de/japan/japan-nach-fukushima-gebremste-atomrenaissance,8118568,26522206.html

(240) 「発送配電全体貫く調和が肝心」『電気新聞』2014年3月12日付。

(241) 「電気事業の現場力を誇りに」全国電力関連産業労働組合総連合（電力総連）『電気を届ける現場から――いままでもこれからも――』、2014年3月。【インタビュー】。

(242) 「エネルギー大競争時代が来る『Jパワー、電力再編のカギに』」『日経ヴェリタス』2014年3月16日～22日、2014年3月16日。【インタビュー】。

(243) 『電気新聞・これからのエネルギー委員会　関西フォーラム『ともに考える日本のエネル

(244) 「エネルギー政策の転換と電力改革」『産業学会年報』第29号、2014年3月31日。
(245) "Reforming the Electricity Market", The Stanford-Sasakawa Peace Foundation New Channels Dialogue, *FINAL REPORT: ENERGY CHALLENGES AND OPPORTUNITIES FOR THE UNITED STATES AND JAPAN*, The Walter H. Shorenstein Asia-Pacific Research Center, Stanford University, California, 2014年3月.
(246) 「優先順位付け　先延ばし」『毎日新聞』2014年4月4日付。【インタビュー】。
(247) 「エネルギーと環境　エネルギー基本計画の再構築」『OHM』2014年4月号、2014年4月12日。【山地憲治との対談】。
(248) 「電源比率示さず経済にマイナス」『日本経済新聞』2014年4月12日付。【インタビュー】。
(249) 「依存度低下と重要電源は矛盾する」『石油ガス・ジャーナル』2014年4月18日号。【インタビュー】。
(250) 「求められる明確な政策と変化への挑戦　電気新聞・これからのエネルギー委員会　ミニフォーラム」『電気新聞』2014年4月18日付。【山地憲治・勝間和代とのミニフォーラム】。
(251) 「西部ガスのLNG火力計画」『電気新聞』2014年4月24日付。

ギー』　産消で積極的対話が必要」『電気新聞』2014年3月19日付。【山地憲治・三屋裕子・来馬克美とのディスカッション】。

第6章　自民党政権時代（2012年12月26日以降）

(252) 「ザ・キーマン　エネルギー基本計画の実像と暗示を橘川一橋大院教授に聞く」『エネルギーと環境』2014年4月24日号。

(253) 【政策を問う】一橋大大学院・橘川武郎教授　発送電分離　インフラに不安」『産経新聞』2014年4月29日付。【インタビュー】。

(254) 「増えるエネルギーの選択肢　安定供給／効率化を実現する未来のエネルギー構造を探る」JB PRESS、2014年4月30日配信。【インタビュー】。http://jbpress.ismedia.jp/articles/-/40533

(255) 「中日能源合作的可能性」天津社会科学院『東北亜学刊』（Journal of Northeast Asia Studies）2014年第3期、2014年5月。

(256) 「改正原賠機構法成立　福島再生へ国が前面に」『公明新聞』2014年5月26日。【インタビュー】。

(257) 「日本の技術がCO2を劇的に減らす！　逆転の発想を」『エネルギーフォーラム』2014年6月号、2014年6月1日。「『経済 vs 環境』で迷走する石炭火力」。【インタビュー】。

(258) 「発電別の構成比あいまい　『エネルギー基本計画』の評価と電力の今後」『日経産業新聞』2014年6月6日付。【インタビュー】。

(259) 「日米エネルギー会議」『電気新聞』2014年6月12日付。

141

第Ⅱ部　福島第一原発事故後の電力改革・原子力改革への応用経営史の適用

(260)「小林一三と松永安左エ門　経済成長率を押し上げた都市化と電化の進展」『週刊ダイヤモンド』2004年6月21日号。「『週刊ダイヤモンド』で読む日本の経営100年」第5回。
(261)「全体像示す司令塔必要　『原発の畳み方』議論を」『愛媛新聞』2014年7月12日付。「日本のエネルギー政策　内外の識者に聞く」。【インタビュー】。
(262)「原発ゼロの夏」到来、電気料金は再び上がるか」『プレジデント』2014年8月4日号。
(263)「女川原子力とFーグリッド」『電気新聞』2014年7月23日付。
(264)「日本のエネルギー展望」幾島賢治・幾島貞一監修『水素エネルギーの開発と応用』シーエムシー出版、2014年8月22日。
(265)「再稼働か再値上げか」『電気新聞』2014年8月28日付。
(266)「戦時経済体制へ　戦争への布石となった石油業法と電力国家管理」『週刊ダイヤモンド』2014年9月6日号。「『週刊ダイヤモンド』で読む日本の経営100年」第15回。
(267)「識者評論　改造内閣に問われるもの5　エネ政策の確立急げ」『岩手日報』2014年9月8日付。
(268)「これからのエネルギー委員会座談会『原子力と世論』　再稼働巡り揺れる世論」『電気新聞』2014年9月10日付。【開沼博・萱野稔人との鼎談】。
(269)「FITに頼る限り、本当の再エネ時代は来ない」『PVeye』（ヴィズオンプレス株式会社）2014年10月号、2014年9月25日。【インタビュー】。

142

第6章　自民党政権時代（2012年12月26日以降）

(270)「BWR原発を束ねて準国有化も　今こそ官僚、政治家は司令塔に」『週刊ダイヤモンド』2014年10月11日号。

(271)「再エネVISION01　日本の再エネの『未来』を読み解く。ポイントは、『エネルギーミックス』。」『SOLAR JOURNAL』No.11（2014 AUTUMN）、2014年10月。

(272)「日本のエネルギー利活用、その実態と未来像を考える」『土木學會誌』No.99、Vol.11（2014年11月号）、2014年11月15日。【茅陽一・十市勉との鼎談】。

(273)「鼎談基軸を語る　規制改革と電力・エネルギーを考える」関西電力株式会社『躍』第24号、2014年11月、1―17頁。【浅野浩志・岸博幸との鼎談】。

(274)「釜石・北九州スマート化連携」『電気新聞』2014年11月27日付。

(275)「再生可能エネルギー固定価格買取制度見直しと太陽光発電拡大への課題」nippon.com、2014年12月1日発信。http://www.nippon.com/ja/currents/d00147/

(276)「安倍内閣のエネルギー・原発政策」『SYNODOS』、2014年12月3日発信。http://synodos.jp/politics/11907

(277)「数字は明示されず核心部分は剥落　安倍内閣のエネルギー政策の問題点」DIAMOND online、2014年12月9日発信。「総選挙の焦点　アベノミクスの通信簿」。http://diamond.jp/articles/-/63368

(278) "Clouds on the Horizon for Solar Power in Japan", nippon.com, 2014年12月18日発信。

(279) 『日本の産業と企業　発展のダイナミズムをとらえる』有斐閣、2014年12月25日。平野創・板垣暁との共編著。http://www.nippon.com/en/currents/d00147/

(280) 「原発再稼働　建て替えせず廃炉の道を」『毎日新聞』2014年12月25日付。【インタビュー】。

(281) 「日本のエネルギー政策　2030年までに原発30基が廃炉　再生エネ普及は送電線活用がカギ」『週刊エコノミスト2015迎春合併号』2014年12月30日・2015年1月6日合併号。

(282) 「原発は減り始めることを見抜いておくべきだ」『エネルギーフォーラム』2015年1月号、2015年1月1日、80-81頁。

(283) 浜田健太郎「アングル：視界不良の柏崎刈羽再稼働、『東電では無理』との声も」、ロイター、2015年1月6日発信。【インタビュー記事】。http://jp.reuters.com/article/topNews/idJPKBN0KF0SI20150106

(284) 「2015新春対談　未来への胎動―電力システム改革を超えて」『電気新聞』2015年1月14日付別刷り。【九州電力貫正義会長との対談】。

(285) 「原発はどこまで減るか」『FACTA』2015年2月号（Vol.106）、2015年1月20日。

第6章　自民党政権時代（2012年12月26日以降）

(286)「再生エネ比率　市場価格での拡大が鍵」『電気新聞』2015年1月21日付。「エネルギーの選択　2015転換期の日本4」。

(287)「威脅〝安倍経済学〟的日本能源問題」天津社会科学院『東北亜学刊』(Journal of Northeast Asia Studies) 2015年第1期、2015年1月。

(288)「エネルギー迫る選択の時　識者に聞く⑤依存度下げ15%を上限に」『日本経済新聞』2015年2月17日付。【インタビュー】。

(289)「欧州に見る水素発電の可能性」『電気新聞』2015年3月2日付。

(290)「エネルギー基本計画の課題と問題点」『エネルギー・資源』Vol.36、No.2、2015年3月10日。

(291)「原発依存度は15%程度に」『日本経済新聞』2015年3月17日付。「経済教室　2030年の電源構成(上)」。

(292)『電力の鬼』と呼ばれた男【前編】日本の電気事業の礎を作った松永安左エ門の〝民営化魂〟中部電力株式会社『場ba』Vol.16、2015年3月。

(293)『産業経営史シリーズ7　エネルギー産業』日本経営史研究所、2015年3月19日。

(294)「国民一致のエネミックス策定を」『エネルギーレビュー』2015年4月号、2015年3月20日。【インタビュー】。

(295)「官と民、次第に一体化」『朝日新聞』2015年3月24日付。「国策の果て　岐路の原発

1. 【インタビュー】。

(296)「電力」経営史学会編集『経営史学の50年』日本経済評論社、2015年3月30日。

(297)『アジアの企業間競争』文眞堂、2015年4月1日。久保文克・佐々木聡・平井岳哉との共編著。

(298)「社会へ向けた同時代的発信:一橋大学資源エネルギー政策プロジェクトの3年間」『HQ (Hitotsubashi Quarterly)』2015年春号 (Vol.46)、一橋大学HQ編集部、2015年4月。

(299)「補助金なしで再エネ拡大 日本のポストFITに重要な示唆」『エネルギーフォーラム』2015年4月号、2015年4月1日。

(300)「どうする電源構成―専門家に聞く [上] 40年廃炉で原発15%に」『朝日新聞』2015年4月16日付。【インタビュー】。

(301)「エネルギー激変 原油価格の乱高下とシェール革命の衝撃」『週刊ダイヤモンド』2015年4月18日号。

(302)「企業変転 戦後70年④ 石油ショック (1973年) 緊張感失った国と電力会社」『日本経済新聞』2015年4月26日付。【インタビュー】。

(303)中村稔「どうする電源構成〈1〉再生エネルギー比率30%が実現できる理由」『東洋経済ONLINE』、2015年4月28日発信。【インタビュー】。http://toyokeizai.net/articles//-/

第6章 自民党政権時代（2012年12月26日以降）

(304) 「電気事業法等の一部を改正する等の法律案（内閣提出第29号）に関する参考人意見陳述および質疑応答」『第百八十九回国会衆議院経済産業委員会議事録』第12号、2015年4月28日。

(305) 「30年の電源構成 専門家に聞く 運転延長や新設 堂々話すべきだ」『日本経済新聞』2015年4月29日付。【インタビュー】。

(306) 「東日本大震災 史上最悪レベルに並んだ東電福島第1原発事故」『週刊ダイヤモンド』2015年5月2・9日号。『週刊ダイヤモンド』で読む日本の経営100年」第48回。

(307) 「電源構成を問う 40年廃炉で原発15％に」『毎日新聞』2015年5月8日付。【インタビュー】。

(308) "Un horizonte de borrascas para la energía solar en Japón", nippon.com, 2015年5月8日発信。http://www.nippon.com/es/currents/d00147/

(309) 「2030年の原発依存度と政府の思惑」『ポリタス』2015年5月13日発信。http://politas.jp/features/6/article/377

(310) 「試算の見せ方作為的」『中日新聞』2015年5月17日付。「見聞きニュース 原発コスト大解剖」。【インタビュー】。

(311) 「東電存続かけ『柏崎刈羽売却』」『FACTA』2015年6月号（Vol. 110）、

(312) 「経産省案は公約違反 ポストFIT、原発リプレイスを真剣に議論すべき」『PVeye』2015年5月20日。

(313) 「石炭火力はどうあるべきか！ 市場動向と政策を徹底討論」『エネルギーフォーラム』2015年6月号、2015年6月1日。【インタビュー】。

(314) 「社会的受容性に疑問 原子力の未来を閉ざす」『化学工業日報』2015年6月1日付。【伊藤敏憲・大野輝之との鼎談】。

(315) 〈100号記念大特集〉①2030年見据え座談会 系統問題クリア、再生エネ30％は十分可能」『創省蓄エネルギー時報』Vol.100（2015年6月15日号）。【柿沼正明・藤井宏明・尾高智明との座談】。【インタビュー】。

(316) 「『原発回帰』を宣言した政府 原子力の可能性は逆に閉ざされる」『週刊エコノミスト』2015年6月16日特大号。

(317) 「再生エネ電源75％の国」『電気新聞』2015年6月16日付。

(318) 吉井理記「特集ワイド『忘災』の原発列島 『原子力22％』の本音 ごまかしだらけの電源構成 東京理科大学教授橘川武郎さんに聞く」『毎日新聞』2015年6月16日付夕刊。【インタビュー記事】。

(319) 「原発運転延長、ズレた経済効率性に偏った電源構成 "原発最小限、再エネ最大限"の公

第6章 自民党政権時代（2012年12月26日以降）

(320)「エネルギーのベストミックスと水素社会の展望」『ニューライフ』2015年6月20日。【インタビュー】。

(321)「書評─島本実著『計画の創発─サンシャイン計画と太陽光発電』」『経営史学』第50巻第1号、2015年6月25日。

(322)「広がる電気、経営力がカギ　電気新聞・これからのエネルギー委員会　座談会『変革期の課題』」『電気新聞』2015年6月25日付。【勝間和代・山地憲治・山本隆三との座談】。

(323) "The State and Enterprise: The Perspective from Japan's Energy Industry", *The Japan Journal*, Vol.12, No.4, 2015年7月1日。

(324)「トルコでの石炭火力国際会議」『電気新聞』2015年7月15日付。

(325)「損害賠償は有限責任に　原子力」『電気新聞』2015年7月16日付。「エネミックス、温室効果ガス削減目標固まる　有識者2氏に聞く」。【インタビュー】。

(326) "Japan: Can Tepco Ever Restart Kashiwazaki-Kariwa?", by Daye Kim, *NIW (Nuclear Intelligence Weekly)*, 2015年7月17日。【インタビュー記事】。

(327)「エネミックスが残した課題　3・11踏まえた未来志向の政策を」『ガスエネルギー新聞』2015年7月20日付。

第Ⅱ部　福島第一原発事故後の電力改革・原子力改革への応用経営史の適用

(328) 飯尾歩「考える広場　論説委員が聞く　歴史にあらがうエネルギー政策　石炭火力を〝つなぎ〟に」『中日新聞』2015年7月25日付。【インタビュー】。

(329) 内本智子「言葉で読む『原子力の依存度を可能な限り下げる』と、「平仄(ひょうそく)が合わない」原発回帰　議論避ける政権」『北海道新聞』2015年7月27日付。【発言記事】。

(330) 「書評―北浦貴士著『企業統治と会計行動―電力会社における利害調整メカニズムの歴史的展開―』『歴史と経済』第228号、2015年7月30日。

(331) 「新電源構成をめぐる政府の意図と問題点」『都市問題』Vol.106（2015年8月号、2015年8月1日。

(332) 「過熱する石炭火力ブーム　環境省が相次ぎ『待った』　規制や炭素税の議論も不可避」『日経エコロジー』2015年9月号、2015年8月8日。【松本真由美との対談】。

(333) 「手続き関わらぬ政権幹部に疑問」『日本経済新聞』2015年8月12日付。【インタビュー】。

(334) 「本格的な改革スタート」「やさしい経済学　公共政策を考える　第5章電力自由化の影響①」『日本経済新聞』2015年8月24日付。

(335) 「日経社会イノベーションフォーラム　水素インフラ整備へ総力　官民連携で目指す2020の水素社会　他エネルギーの活用が鍵」、『日本経済新聞』2015年8月24日付。【講演・パネルディスカッション記録】。

第6章　自民党政権時代（2012年12月26日以降）

(336) 「ガス改革にも波及」「やさしい経済学　公共政策を考える　第5章電力自由化の影響②」

(337) 「水素の最大の魅力とは　エネルギー構造全体を変える力」『ガスエネルギー新聞』2015年8月24日付。

(338) 『日本経済新聞』2015年8月25日付。

(339) 「広域機関の動向に期待」「やさしい経済学　公共政策を考える　第5章電力自由化の影響③」『日本経済新聞』2015年8月26日付。

(340) 「業種や地域超え競争」「やさしい経済学　公共政策を考える　第5章電力自由化の影響④」『日本経済新聞』2015年8月27日付。

(341) 「ひいきの引き倒し」『電気新聞』2015年8月27日付。

金子憲治「「ベストミックスの"敗者"は原発。再エネはFIT後に自立的に普及へ」東京理科大・橘川教授に聞く」、日経テクノロジーonline、2015年8月27日発信。【インタビュー】。http://techon.nikkeibp.co.jp/article/FEATURE/20150825/433064/

(342) 「発送電分離に光と影」「やさしい経済学　公共政策を考える　第5章電力自由化の影響⑤」『日本経済新聞』2015年8月28日付。

(343) 「料金下がらぬ可能性も」「やさしい経済学　公共政策を考える　第5章電力自由化の影響⑥」『日本経済新聞』2015年8月31日付。

(344) 「発電投資の活性化必要」「やさしい経済学　公共政策を考える　第5章電力自由化の影響

⑦『日本経済新聞』2015年9月1日付。

�345 「海外も成否分かれる」「やさしい経済学　公共政策を考える　第5章電力自由化の影響⑧」『日本経済新聞』2015年9月2日付。

�346 「経営革新の大きな機会」「やさしい経済学　公共政策を考える　第5章電力自由化の影響⑨」『日本経済新聞』2015年9月3日付。

�347 「最新鋭の原子炉導入と再エネ比率30％への拡大を」『週刊エコノミスト』2015年9月8日号。

�348 「電力・ガス自由化での市場環境変化とLPガス業界の対応策―橘川教授に電力自由化の注目点からLPガス重要課題など聞く―」『石油ガス・ジャーナル』2015年9月11日号。【インタビュー】。

�349 「川内原発再稼働と原子力発電の今後」nippon.com、2015年9月22日発信。http://www.nippon.com/ja/currents/d00196/

�350 「水素社会の実現に向けた東京都の挑戦〜戦略会議から推進会議へ〜」『水素社会実現に向けた水素エネルギー技術とビジネス展望』シーエムシー・リサーチ、2015年9月30日。

�351 「次世代技術の輸出で海外のCO2削減に貢献」『エネルギーフォーラム』2015年10月号、2015年10月1日。【インタビュー】。

�352 「書評―田中聡著『電気は誰のものか』」『公明新聞』2015年10月5日付。

第6章　自民党政権時代（2012年12月26日以降）

3　歴史的文脈の解明

本章が対象とする時期に、応用経営史の第1の作業手順である「歴史的文脈の解明」に関連して筆者が行った作業に、原子力発電所再稼働問題と東京電力改革問題の検討がある。歴史的な文脈をふまえた問題解決の方向性について筆者は、2013年7月の参議院議員選挙の直後に発表した文献(198)において、次のように指摘した。

【参院選の結果と原発再稼働】

予想通り、自民党の圧勝に終わった参議院議員選挙。その結果を受けて、大半が運転停止中の原子力発電所が雪崩をうって再稼働するのではないかという見通しがある。2013年7月に原子力規制委員会が決めた新しい規制基準をクリアした原発については、迅速に再稼働させるというのが、参院選

(353)「早くも瓦解『新電源ミックス』」『FACTA』2015年11月号（Vol.115）、2015年10月20日、44－45頁。
(354)『比率非公開が問題』審議会委員・橘川氏」『中日新聞』・『東京新聞』2015年10月26日付。【インタビュー】。

153

第Ⅱ部　福島第一原発事故後の電力改革・原子力改革への応用経営史の適用

にのぞむ自民党の政策だったからだ。

しかし、事態はそれほど単純ではない。そもそも自民党は、今回の参院選で、原発政策について中長期的な見通しを明言しない方針をとった。原発に対する国民世論はいまだに厳しいと読んだうえで、原発政策を争点から外したほうが、勝利をより確実なものにできると判断したからだ。選挙前にその内容を明言しなかった以上、たとえ選挙に大勝したからといって、自民党の原発政策が支持されたことを意味しない。事態を複雑にしているのは、このような事情があるからだ。

一方で、原発のある程度の再稼働は不可避であることも事実である。2013年4月にとりまとめられた電力需給検証小委員会の報告書が明らかにしたように、原発停止による火力発電用燃料費の増加額は年間3兆8000億円にのぼる。赤ちゃんまで含めた国民の一人一人が、毎年約3万円を化石燃料の輸入先に追加支出していることになる。2012年から2013年にかけて電力会社6社が電気料金の値上げを実施ないし申請したが、それらは原子力発電所の再稼働を前提にしたものであり、再稼働が遅れて原発の運転停止が長期化した場合には、再度の料金値上げが取り沙汰されることになるかもしれない。「原発のある程度の再稼働は不可避である」と述べたのは、このような状況を考慮に入れたからである。

【元に戻る再稼働か、減り始める再稼働か】

それでは、原発はどの程度再稼働するのだろうか。この点に関しては、⑴今年7月に原子力規制

154

第6章　自民党政権時代（2012年12月26日以降）

委員会がフィルター付きベントの設置を含む、厳しい内容の規制基準を設定したこと、(2)昨年6月の原子炉等規制法の改正で、原則として運転開始後40年を経た原子力発電所を廃止することが決まったこと、という二つの新しい規制が重要な意味をもつ。

原発の再稼働は、(1)の新しい規制基準をクリアすることが大前提となる。そうであるとすれば、新規制基準でフィルター付きベントの事前設置が義務づけられた沸騰水型原子炉（26基）の再稼働は、事実上、2015年以降でなければありえない。当面の2年間に再稼働がありえるのは、新基準でフィルター付きベントの設置に猶予期間が設けられた加圧水型原子炉（24基）に限定されることになる。現実に、新基準が設定された2013年7月中に再稼働の申請を行ったのは、稼働中の関西電力・大飯原発3、4号機を含めて14基であったが、これらはいずれも、加圧水型の原子炉であった。

ここで注目すべき点は、新基準が設定された2013年7月の時点で加圧水型24基に再稼働申請のチャンスがあったにもかかわらず、実際には14基しか申請しなかったこと、逆に言えば、10基が申請しなかったことである。新基準をクリアするためには、フィルター付きベントの設置だけでなく、膨大な金額の設備投資が必要とされる。一方、(2)の「40年廃炉基準」が厳格に運用された場合には、多額の追加投資をした原発が、新基準をクリアしいったん再稼働したとしても、すぐに運転を止めなければならなくなるかもしれない。10基の加圧水型原子炉が2013年7月の時点で再申請をしなかった事実は、電力会社がこれらの事情をふまえて取捨選択を始めており、「古い原発」の再稼働を断念し始めていることを示唆している。

155

第Ⅱ部　福島第一原発事故後の電力改革・原子力改革への応用経営史の適用

別表　「40年廃炉基準」が適用された場合の2030年末時点での原子力発電所の運転状況

「40年廃炉基準」により廃炉となる原子炉					それ以外の原子炉				
会社	発電所	号機	最大出力 (千kW)	運転開始年月	会社	発電所	号機	最大出力 (千kW)	運転開始年月
北海道	泊	1	579	1989. 6	北海道	泊	2	579	1991. 4
東北	女川	1	524	1984. 6			3	912	2010.12
東京	福島第一	5	784	1978. 4	東北	東通	1	1,100	2005.12
		6	1,100	1979.10		女川	2	825	1995. 7
	福島第二	1	1,100	1982. 4			3	825	2002. 1
		2	1,100	1984. 2	東京	柏崎刈羽	3	1,100	1993. 8
		3	1,100	1985. 6			4	1,100	1994. 8
		4	1,100	1987. 8			6	1,356	1996.11
	柏崎刈羽	1	1,100	1985. 9			7	1,356	1997. 7
		2	1,100	1990. 9	中部	浜岡	4	1,137	1993. 9
		5	1,100	1990. 4			5	1,267	2005. 1
中部	浜岡	3	1,100	1987. 8	北陸	志賀	1	540	1993. 7
関西	美浜	1	340	1970.11			2	1,206	2006. 3
		2	500	1972. 7	関西	大飯	3	1,180	1991.12
		3	826	1976.12			4	1,180	1993. 2
	大飯	1	1,175	1979. 3	四国	伊方	3	890	1994.12
		2	1,175	1979.12	九州	玄海	3	1,180	1994. 3
	高浜	1	826	1974.11			4	1,180	1997. 7
		2	826	1975.11	(合計　18基　18,913千kW)				
		3	870	1985. 1					
		4	870	1985. 6					
中国	島根	1	460	1974. 3					
		2	820	1989. 2					
四国	伊方	1	566	1977. 9					
		2	566	1982. 3					
九州	玄海	1	559	1975.10					
		2	559	1981. 3					
	川内	1	890	1984. 7					
		2	890	1985.11					
原電	東海第二		1,100	1978.11					
	敦賀	1	357	1970. 3					
		2	1,160	1987. 2					
(合計　32基　27,122千kW)									

出所：電気事業連合会編『電気事業便覧2010年版』(2010年)にもとづき筆者作成。
注：最大出力は，2010年3月末時点での数値。

第6章　自民党政権時代（2012年12月26日以降）

「40年廃炉基準」を厳格に運用した場合には、2030年末の時点で、現存する50基のうち別表の左列の原子力発電設備が廃炉となる。残るのは、同表の右列の18基1891万3000kWだけである。この18基に建設工事を再開した中国電力・島根原発3号機と電源開発（株）・大間原発が加わったとしても、2030年の原子力依存度は、2010年実績の26％から4割以上減退して、15％程度にとどまることになる（2012年の基本問題委員会での資源エネルギー庁の試算）。

参院選での自民党の圧勝および火力発電用燃料費の膨脹を考慮に入れれば、今後、ある程度の原発が再稼働することになるであろう。しかし、それは、既存の50基すべてが「元に戻る」再稼働であることなく、沸騰水型原子炉も含めて当面30基程度の原発の運転再開が問題となる「減り始める」再稼働であることを、きちんと見抜いておかなければならない。

【電力システム改革は東電大リストラから始まる】

一方、電力システム改革については、電気事業法の改正が参院選後の臨時国会に先送りされたものの、2013年2月、電力システム改革専門委員会が打ち出した工程表にもとづき、次のような3段階に分けて遂行されることになる。

2015年を目途とする第1段階では、広域検討運用機関を設立する。あわせて、新しい規制組織が動き出すことになる。

2016年を目途とする第2段階では、電力小売の全面自由化を実施する。この結果、家庭用等の

小口需要家も、電力会社を自由に選択できるようになる。ただし、この段階では、電気料金規制は撤廃されず、経過措置として残存する。

2018〜20年を目途とする第3段階では、送配電部門の法的分離を行う。この法的分離方式による発送電分離の施行に合わせて、経過措置として残っていた電気料金規制は撤廃される。

ただし、現実には電力システム改革が、この工程表とは異なる経路をたどって進行する可能性がある。そのきっかけとなるのは、東京電力の真の再生プランの実行である。

ここで「真の再生プラン」という言葉を使うのは、2012年5月に認定された「総合特別事業計画」では東京電力の再生は達成されない、と考えるからである。そのことは、「総合特別事業計画」の1年平均のリストラ効果が3365億円であるのに対して、原発停止による燃料費の嵩上げが年間1兆円に達するという事実、つまり両者のあいだには年間6600億円余のギャップがあるという事実に、端的な形で示されている。しかもこれ以外に、福島第一原発1〜4号機の廃炉費用や放射能汚染地域の除染費用が必要となる。現状のままでは、東京電力が毎年毎年電気料金を値上げする事態さえ生じかねない。

現状を打開するためには、何らかの形で柏崎刈羽原発の運転を再開し、廃炉費用や除染費用を国が中心となって負担するしかないであろう。しかし、柏崎刈羽原発の再稼働や廃炉・除染費用の国庫負担に対しては、世論の強い反発が予想される。世論の反発を和らげるためには、当事者である東京電力がもう一段踏み込んだリストラ、多くの国民が納得するリストラを実施する以外に方法はない。そ

158

第6章　自民党政権時代（2012年12月26日以降）

のようなリストラとは、いかなるものであろうか。それは、東京電力がピーク調整用の揚水式水力発電所等を除いて、基本的にはすべての発電設備を売却するというものである。その場合、発電設備の運転にかかわる人員は売却先へ移籍することになるため、東京電力の従業員数は大幅に減少し、リストラ効果は拡大する。東京電力が発電設備の売却によって得た収入は、賠償・廃炉・除染費用に充当される。また、柏崎刈羽原発も売却の対象となるため、事業主体の変更という同原発の再稼働をめぐる独自のハードルもクリアされる。

このようなリストラを行って東京電力は存続できるのかという疑問が生じようが、筆者は存続が可能だと考える。発電設備売却後の東京電力は、東京の地下を東西および南北に走る27万5000Vの高圧送電線とそれに連なる配電網を経営の基盤にして、系統運用を中心としたシステムインテグレーターとして生き残る。世界有数の需要密集地域で営業するという特徴を活かせば、東京電力の存続は可能であろう。

ここで問題となるのは、東京電力が売却する発電設備を購入するのは誰か、である。購入候補の筆頭にあがるのは、中部電力だろう。そのほか、東京ガス、大阪ガス、電源開発（株）、JX（石油元売最大手）などの名をあげることができる。中部電力が東京電力の発電施設を購入すれば、東京都庁への電力供給にとどまらず、50ヘルツ地域で広範に電力販売を行うことができるようになる。それは、電力会社間競争の本格的な開始を意味し、電力全面自由化へ道を開く。その場合、東京電力については発送電分離が行われたことになるが、他の電力会社については必ずしも発送電分離が行われ

159

わけではない。「電力システム改革が、この工程表とは異なる経路をたどって進行する可能性がある」と述べた理由は、ここにある。

4　問題の本質の特定

本章が対象とする時期に、応用経営史の第2の作業手順である「問題の本質の特定」に関連して筆者が行った作業に、安倍内閣が原子力問題に取り組む姿勢についての批判的検討がある。この点に関しては、2014年12月の総選挙の直前に発表した文献（276）および文献（277）において、次のような見解を示した。

【「木を見て森を見ない」エネルギー基本計画】

これまで進めてきた安倍内閣のエネルギー・原発政策を採点するうえで、まず取り上げるべきは、2014年4月に閣議決定された新しい「エネルギー基本計画」である。同計画は、各エネルギー源の重要性を、以下の通りまんべんなく指摘している。

○　再生エネルギー…安定供給面やコスト面でさまざまな課題が存在するが、温室効果ガス排出のない有望な国産エネルギー源。

第6章　自民党政権時代（2012年12月26日以降）

○　原子力‥安全性の確保を大前提に、エネルギー需給構造の安定性に寄与する重要なベースロード電源。

○　石炭‥供給安定性・経済性に優れたベースロード電源であり、環境負荷を低減しつつ活用していくエネルギー源。

○　天然ガス‥シェール革命などを通じて天然ガスシフトが進み、今後役割を拡大していく重要なエネルギー源。

○　石油‥利用用途の広さや利便性の高さから、今後とも活用していく重要なエネルギー源。

○　LPガス‥シェール革命を受けて北米からの調達も始まった、緊急時にも貢献できるクリーンなガス体エネルギー源。

このような指摘を受けて、エネルギー産業に関連する各業界紙は、総じて新「エネルギー基本計画」を高く評価する論陣を張った。自らの業界が主として取り扱うエネルギー源の重要性が、きちんと評価されたというわけだ。

しかし、このような評価はやや一面的であると言わざるをえない。「木を見て森を見ず」のたとえが、そのままあてはまるからである。

新しいエネルギー基本計画に対して多くの国民が期待していたのは、目標年次とされた2030年において日本の電源ミックスや一次エネルギーミックスがどのようなものとなるか、その見通しを数値で明示することであった。しかし、今回の基本計画は、電源ミックスやエネルギーミックスを数値

第Ⅱ部　福島第一原発事故後の電力改革・原子力改革への応用経営史の適用

で示すことを避け、それを先送りした。各エネルギー源の重要性に関する定性的で総花的な記述に終始したのである。

安倍内閣が策定したエネルギー基本計画は、各エネルギー源の位置づけという「木」については言及している。しかし、それぞれのエネルギー源の全体としてのバランスがどうなるかという肝心な論点、つまり「森」については立ち入ることを避けている。「木を見て森を見ず」とみなす理由は、ここにある。

電源ミックスが明示されなかったため、新しいエネルギー基本計画の内容はわかりにくいものとなっている。そのことは、原子力発電の位置づけに関する記述に、端的な形で表れている。新計画は、焦点の原子力発電の位置づけについて、「重要なベースロード電源」と述べる一方で「原発依存度は可能な限り低減」させるとし、ただし「確保していく規模を見極める」とも記述した。きわめてわかりにくい表現だと言わざるをえない。同計画の草案が審議された総合資源エネルギー調査会基本政策分科会の席上、委員であった筆者（橘川）は思わず、「マッキー（槇原敬之）の歌の『もう恋なんてしないなんて言わないよ絶対』というフレーズみたいでわかりづらい」と発言してしまったが、今でもその気持ちは変らない。

【原発をめぐる世論の「混乱」を読み解く】

原発再稼働をめぐる現在の世論は、一見、混乱しているようにみえる。

162

原発のあり方について、中長期的な見通しをたずねると、世論調査で多数を占めるのは「将来ゼロ」であり、「即時ゼロ」や「ずっと使い続ける」は少数派である。「将来ゼロ」とは、「当面はある程度原発を使う」ことを意味する。

一方、より短期的な見通しにかかわる原発再稼働の賛否についてたずねると、世論調査で多数を占めるのは「反対」であり、「賛成」ではない。「再稼働反対」とは、事実上、「原発即時ゼロ」につながる意味合いをもつ。

つまり、原発をめぐる世論は、中長期的見通しと短期的見通しとでは矛盾した結果を示すという、不思議な現象がみられるわけである。この現象について、どのように理解すれば良いのだろうか。

筆者（橘川）の理解によれば、世論の真意は、どちらかと言えば「当面はある程度原発を使うことはやむをえない」という点にある。しかし、安倍内閣が進める原発再稼働のやり方には納得できない。2014年4月に閣議決定した新しいエネルギー基本計画で電源ミックスを明示することを避けた点に端的な形で示されるように、論点をあいまいにし、決定を先送りして、こそこそと再稼働だけを進める。このような政府のやり方に対して、「当面はある程度原発を使うことはやむをえない」と考えている国民の多くも反発を強めており、再稼働の賛否のみを問われると、「反対」と答えているのである。

第Ⅱ部　福島第一原発事故後の電力改革・原子力改革への応用経営史の適用

【迫る最終期限のCOP21】

政治家や官僚は、しばしば、原発再稼働の先行きが不透明だから、電源ミックスの策定は時期尚早だと言う。

事実上、問題を原子力規制委員会に委ねているわけであるが、これは、おかしなことである。規制委員会は3条委員会として設立されたのであり、その根幹にあるのは、原子力規制政策とエネルギー政策は切り離して、それぞれ独立させるという大原則である。規制政策は規制政策として、エネルギー政策はエネルギー政策として、別個に確立されなければならない。規制政策の動向をきわめてから電源ミックスを決めるとする政治家や官僚の主張は、規制政策とエネルギー政策を混同させるものであり、両者の相互独立という大原則から逸脱したものだと言わざるをえない。

筆者自身は、いわゆる「40年廃炉基準」の存在を考慮に入れると、2030年の電源ミックスにおける原発依存度は、3・11前と比べてほぼ半減し、15％程度になると考えている。また、使用済み核燃料の処理問題の解決は困難であるため、現在、原発建設に熱心な新興国を含めて、原子力は人類全体にとって、今世紀半ばごろまでの過渡的なエネルギーにとどまると見込んでいる。その意味で、我々は、「リアルでポジティブな原発のたたみ方」を真剣に議論すべき時期に来ている。

このように、原発・エネルギー政策のあり方をめぐっては、さまざまな考え方がありえよう。ただし、いろいろな意見があることに、たじろいでいてはいられない。電気料金再値上げの動きが顕在化しているが、すでにエネルギーコストの増大が日本経済全体に大きな打撃を与えている現実に目を向けるならば、もはや、一刻の猶予も許されない。今、大切なことは、あいまいな形で問題を先送りす

164

第6章　自民党政権時代（2012年12月26日以降）

るのではなく、意見をぶつけ合ったうえで現実的・建設的な選択を行い、できるだけ早く、電源ミックスを含むきちんとした形で原発・エネルギー政策を決定することである。

原発・エネルギー問題に関して政治のリーダーシップが機能しない直接的な理由は、政治家が選挙を気にせざるをえないからである。したがって、今回の総選挙と来春の統一地方選挙が終わるまで、電源ミックスの策定は先送りされるのではないか。一方で、温室効果ガス排出量削減の2020年以降の具体的枠組みを決定するパリでのCOP21（第21回国際連合気候変動枠組み条約締約国会議）は、2015年11月末に迫っている。その5ヵ月前の6月には、COP21へ向けた実務的な検討が始まる。それまでに原発依存度を含む電源ミックスを決めなければ、わが国は、2020年以降の温室効果ガス排出量削減目標を国際社会に明示することができなくなる。残された時間は、けっして長くはない。

・・・・・・・・・・・・・・・・・・・・・・・・・・

本章が対象とする時期に、応用経営史の第2の作業手順である「問題の本質の特定」に関連して筆者が行ったもう一つの作業に、再生可能エネルギー導入の方法についての検討がある。この点に関しては、やはり2014年12月の総選挙の直前に発表した文献（275）において、次のような議論を展開した。[注25]

165

【固定価格買取制度の見直し】

総合資源エネルギー調査会省エネルギー・新エネルギー分科会に2014年6月設置された新エネルギー小委員会は、再生可能エネルギー固定価格買取制度（いわゆる「FIT＝Feed-in Tariff」）の見直しを進めている。2014年11月5日に開かれた第6回会合で配布された事務局の資料「再生可能エネルギー毎の特徴を踏まえた最大限の導入を実現するための論点」では、「再生可能エネルギー源は、種類ごとにその特性が大きく異なる、導入拡大を進めていく上においては、各エネルギー源が持つ特性を踏まえることが重要ではないか」、「『最大限導入』は、発電電力量（kWhベース）で評価されることとなるが、この最大化を費用対効果が高い形で実現することが重要ではないか。その場合、より少ない設備容量（kW）で、より多くの発電電力量（kWh）を生み出せる電源を相当程度導入するなど、（中略）各電源の特徴を踏まえてバランス良く導入を進めることが重要ではないか」、と述べている。

「霞が関言葉」では、「重要ではないか」は、「重要である」という意味である。また、同資料は、上記の文言のあとに、再生可能エネルギー源ごとのkW当たり年間発電電力量（百万kWh）として、太陽光11、風力（陸上）18、地熱70、水力（中小水力）53、バイオマス70という数値を示している。

あわせて、出力の安定性について、太陽光・風力（陸上）は「変動」、地熱・水力（中小水力）・バイオマスは「安定」という評価も下している。これらの点から見て、新エネルギー小委員会がまとめる制度見直しでは、太陽光FITに対して厳しい方向性が打ち出されるものと予測される。

第6章　自民党政権時代（2012年12月26日以降）

【系統接続保留問題の発生】

しかも、新エネルギー小委員会の審議が継続している最中に、新たな問題が顕在化した。九州電力を始めとして北海道電力・東北電力・四国電力・沖縄電力の電力各社が、メガソーラー発電の出願急増による系統運用の混乱を回避するという理由で、FITにもとづく再生可能エネルギー発電設備の接続申し込みに対する回答を保留する方針を打ち出したのだ。

このような事態をふまえ、新エネルギー小委員会は、２０１４年９月３０日に開いた第４回会合で、「系統ワーキンググループ」の設置を急遽決めた。このワーキンググループの結論がどのようなものになるにせよ、系統接続保留問題が太陽光FITの行く手にたちはだかる暗雲となることは、避けられないだろう。

【太陽光発電拡大のための根本原則】

ここで想起しなければならないのは、FITはきっかけとしては重要な意味をもつが、それ自体が太陽光発電拡大の王道ではないということである。筆者（橘川）は、『PVeye』２０１４年１０月号のオピニオン欄に載せた「FITに頼る限り、本当の再エネ時代は来ない」[注26]のなかで、「あくまでFITは最初の弾みをつけるエンジン役。最終的には市場ベースで勝負できる電源にならないとサスティナブル（持続可能）な形で入っていかない。将来にわたり使い続けるんだったら、国民負担がなければ普及しない電源なんて、長持ちしない」、と述べた。『SOLAR JOURNAL』２０１４年１１月号に寄

せた「日本の再エネの『未来』を読み解く」でも、2030年の電源ミックスにおける再生可能エネルギー発電の比率を30％（水力発電込み）と見通したうえで、同様の意見を表明した。

これは、FITに反対していることを意味しない。「FITだけではだめで、FITの後が大切だ」と言いたいのである。太陽光発電拡大のための根本原則は市場ベースでの普及にあることを、忘れてはならない。

【送電線問題解決への道筋】

再生可能エネルギー発電の拡大に関してFITにだけ注目していると、日本のベンチマークとなる国は、ドイツやスペインになりがちである。しかし、本当に教訓を導くべき対象国は、一部地域で市場ベースでの太陽光発電や風力発電の普及を実現している北欧諸国、アメリカ、オーストラリア、中国などということになる。これらの国において、再生可能エネルギー発電が市場ベースで普及している地域の共通の特徴は、送電網が充実していることにある。

日本においても、FIT後、太陽光発電を含む再生可能エネルギー発電を本格的に拡大していくうえで鍵を握るのは、送電線問題を解決することである。そのためには、どのような方策があるのだろうか。

第1は、本当に送電線が不足しているのかチェックすることである。ここでは、今後廃炉となる原子力発電所で使っていた送変電設備の活用が焦点となる、2012年に改正された原子炉等規制法

第6章　自民党政権時代（2012年12月26日以降）

は「40年廃炉基準」を導入したが、この基準にもとづけば、日本の原子力発電所に現存する48基のうち30基が、2030年12月末までに運転を停止することになる。例えば、九州電力についても、1975年に運転を開始した玄海原発1号機と1981年に運転を開始した玄海原発2号機の廃炉を、近々打ち出す可能性が強い。これから廃炉を発表するものばかりではなく、すでに廃炉が決まった東京電力・福島第一原発の6基分の送変電設備もある。再生可能エネルギー発電の本格的な拡大に不可欠な送電線問題の解決は、原発廃炉によって「余剰」となる送変電設備の徹底的な活用からスタートすべきである。

第2は、送電線を作る仕組みを構築することである。「送電線は儲からないから誰も作りたがらない」という見方があるが、本当だろうか。分散型電源の普及や広域連系の拡充が求められるこれからの日本で、送電線がボトルネック設備になることは間違いない。通常、ボトルネックとなっている設備を供給する者には、正当な利益（儲け）が与えられる。送電線の利益率は低いかもしれないが、安定的であることは間違いない。送電線を作るプロジェクトについて金融市場が的確に評価する仕組み、送電線敷設の対象となる地域での社会的受容性を高めるための仕組み、送電線投資に対して政策的に支援する仕組み……、これらを構築することがきわめて大切である。電力会社には、既存の送電設備の性能を向上させることで、送電規模を拡充させる道もあることを忘れないでほしい。

第3は、そもそも送電線を必要としない方式を導入する道である。全国各地にスマートコミュニティを拡大し、電力の「地産地消」のウェイトを高めて、送電系統にかかる負荷を減らすこと。それ

と同じ目的で、再生可能エネルギー発電設備やそれと連系する変電設備において、蓄電機能を高めること。再生可能エネルギー発電の現場で、余剰分の電力を使って水の電気分解を行い、水素の形で「電気」を消費地に運ぶこと（千代田化工建設が開発中の「SPERA水素システム」は、トルエンと結合させることによって水素を常温・常圧の液体状で運搬することを可能にする）。これらはいずれも、それほど大規模な送電線敷設を行わなくとも再生可能エネルギー発電の拡大を実現する方策である。

ここで言及した送電線問題の解決策のなかには、相当に時間がかかるものもある。一方で、すぐに取りかかれるものもある。その双方を着実に遂行して送電線問題を克服し、市場ベースでの普及をめざすことが、太陽光発電を含む再生可能エネルギー発電を本格的に拡大するための王道である。

5 問題解決の原動力となる発展のダイナミズムの発見

本章が対象とする時期に、応用経営史の第3の作業手順である「問題解決の原動力となる発展のダイナミズムの発見」に関連して筆者が注目したのは、① 原発立地地域がもつ高い当事者能力と、② エネルギー供給構造全体を変革しうる水素の可能性、の2点である。まず、① については、文献(165)～(169)での検討をふまえて、東京大学社会科学研究所の玄田有史をリーダーとする希望学福井

170

第6章　自民党政権時代（2012年12月26日以降）

調査の研究成果（東大社研・玄田有史編『希望学　あしたの向こうに　希望の福井、福井の希望』東京大学出版会、2013年7月25日刊行）に含まれる文献（197）（「原発に依存しない嶺南の未来図」）において、次のように述べた。

【共生すれども依存せず】

　希望学の福井調査で、私たちのチームのテーマは「嶺南地域の希望と原子力発電所との関係の検証」であった。調査は2009年に始まり、3年目を迎えた2011年3月11日、東日本大震災と東京電力・福島第一原子力発電所の事故が起こった。調査チームには4人のメンバーがいたが、3・11以後はそれぞれが個人の立場と責任で発言することにした。この文章も、あくまで筆者個人の見解である。
　調査では2010年夏までに嶺南に立地する原子力発電設備を全て見学した。日本原子力研究開発機構、日本原子力発電、関西電力などの事業者と意見交換しつつ、原発立地4市町（敦賀市・美浜町・高浜町・おおい町）や福井県（電源地域振興課・原子力安全対策課・嶺南振興局）に対する聞き取りも行った。
　一連の調査で印象に残っているのは、何といっても高浜町とおおい町での地元商工会青年部との対話だ。十数名の青年部のメンバーから地元の本音を聞き、時には深夜まで割り勘で酒を酌み交わしながら侃々諤々の議論を重ねた。青年部の面々は高浜町やおおい町の第一線で事業に携わり、地域に対する冷静さと情熱を兼ね備えていた。

171

高浜町でもおおい町でも、原子力発電所があることは、少なくとも震災前は議論の余地のない既定事実だった。青年部の彼らが物心ついた頃には、原子力発電所は既に運転を開始していた。今の原発立地市町の財政にとって電源三法交付金などが不可欠なことも否定のしようがない（表1）。しかし彼らはその現実を永遠に続く「当たり前」とは考えていなかった。

将来を見据えた青年部の本音は、こうだ。「原発と共生すれども依存せず」。原発と共生することと原発に依存することはイコールではないのだという。私はその冷静な決意と志の高さに、ある種の感動を覚えた。

彼らの言う原子力発電所に依存しないとは、原発以外に町のアイデンティティ（個性）を独自に確立することを意味していた。「ローカル・アイデンティティ（地域らしさ）」は、東大社

表1　嶺南各市町村への電源三法交付金等の
　　　交付実績（1974〜2010年度の累計額）

（単位：百万円）

敦賀市	46,263
美浜町	21,034
高浜町	27,841
おおい町	34,505
原発立地市町小計	129,643
小浜市	6,035
若狭町	9,202
旧名田庄村	3,821
嶺南地域小計	148,701
福井県内市町村	163,867
福井県	180,896
その他	1,367
総　計	346,130

出所：福井県電源地域振興課「福井県　電源三法交付金制度等の手引　平成23年度版」（2012年3月）。

第6章　自民党政権時代（2012年12月26日以降）

研が取り組んだ希望学釜石調査で浮かび上がった地域再生のキーワードである。原発は「個性のある町」をつくる要件ではある。だが、それだけでは地域の人々が気持ちを一つにして未来に向かうのには十分でない。高浜町やおおい町は、原発だけの町ではない。自然、歴史、文化、暮らし、産業など、長年培われた地域の人々や環境の中にこそ、その地域が住民にとってかけがえのない場所である意味を見つけなければならないのだ。

高浜町では、町の将来を白紙に戻して考え直そうとする「白宣言」の運動が広がっている。おおい町では、原発の町であるからこそ、省エネの町としても先陣を切り、二酸化炭素の排出量を抑制する「ゼロ・エミッション・シティ」を目指す構想が始まろうとしている。震災前から意識されていた彼らの心意気に、私は福井の希望を感じる。そしてあえて困難に挑もうとする嶺南の若者の行動が、日本のそして世界の希望になると思っている。

【医療・福祉と観光に伸びシロ】

地域経済の活力をはかる上で最も重要なのは、従業者数の増減だ。総務省統計局『平成18年事業所・企業統計調査』（2008年）によれば、2001～06年に全国47都道府県のうち43道府県で雇用規模が縮小、日本全体の従業者数は2・5％減った。

表2は、3・11以前の嶺南地域における従業者数の推移を、2001年と2006年について比べたものである。正確な比較のため、2001年は敦賀市・小浜市・美浜町・三方町・上中町・大飯町・

名田庄村・高浜町を、2006年は敦賀市・小浜市・美浜町・若狭町・おおい町・高浜町を集計対象とし、調査地域に違いが出ないようにした。

嶺南地域の従業者数は、2001年の7万5896人から2006年の7万1183人へ6・2%減った。これは全国平均（2・5%）をかなり上回る減少率であり、同時期の福井県全体の従業者数減少率（4・3%）と比べても大きい。

嶺南で雇用縮小が目立ったのは、製造業と卸売／小売業・飲食店／宿泊業である。2001～06年の製造業の従業者減少率は全国平均では9・4%だったが、嶺南では14・7%に及んだ。同じ時期に卸売／小売業・飲食店／宿泊業の従業者数も、全国平均を上回るペースで減少した。全国で「その他サービス業」の雇用を牽引したのは医療・福祉だ。嶺南で医療・福祉の従業者数は急増したが、その増加率は全国平均にわずかに及ばなかった。近畿圏からの距離が遠くない嶺南には、新たな医療

表2　嶺南地域における従業者数の推移

（単位：人）

産業	2001年	06年	増減率（%）	全国の増減率（%）
建設業	10,847	9,700	-10.6	-16.2
製造業	11,583	9,880	-14.7	-9.4
電気・ガス・熱供給・水道業	2,818	2,715	-3.7	-12.7
卸売／小売業・飲食店／宿泊業	21,898	19,945	-8.9	卸売／小売業 -6.9　飲食店／宿泊業 -4.7
医療／福祉	5,470	6,724	+22.9	+23.4
全産業	75,896	71,183	-6.2	-2.5

注：「その他サービス業」は，金融・インフラ・運輸・通信・不動産・公務を除くサービス業。
出所：総務省統計局「事業所・企業統計調査」（平成13年，平成18年）より筆者作成。

第6章 自民党政権時代（2012年12月26日以降）

や福祉の拠点として、事業と人材が生まれる余地があると考えるべきだ。

一方、嶺南の雇用動向が全国平均より良好だったのは、建設業と電気・ガス・熱供給・水道業である。2001～06年の建設業の従業者減少率は全国平均で16・2％だったが、嶺南は10・6％にとどまった。同じ時期の電気・ガス・熱供給・水道業の従業者減少率は全国平均で12・7％だったが、嶺南は3・7％に過ぎなかった。これらは日本を代表する電源地帯である嶺南の特徴を如実に反映している。

電源地帯であることは、建設業や電気・ガス・熱供給・水道業の雇用を下支えしているばかりではない。嶺南地方への来訪者の中には、多くの電力業関係者が含まれる。そのような来訪者は、嶺南の卸売／小売業・飲食店／宿泊業を支える役割もはたしている。しかしそれだけでは、雇用が増えることはない。流れを変えるためには、電力業関係者以外の来訪者、ずばり言えば観光客を増やすことが必要である。

嶺南は、三方五湖や海水浴場、多くの名刹など、観光資源が豊富である。食も酒もおいしい。そして『希望学 あしたの向こうに』のなかで五百旗頭薫が指摘したように、嶺南には知る人ぞ知る、さまざまな歴史や風土が織りなす独特の「積み重ね」の文化がある。

嶺南の未来を切り拓くのは、伸びしろがある医療・福祉、そして観光である。医療や福祉が新しく整備され、高齢者にとっても住みやすい嶺南。日本の原風景が残る貴重な地域として訪れたくなる嶺南。そんな物語が紡ぎ出されるとき、嶺南に新たな希望が生まれるはずだ。

175

【福井目線】が「東京目線」を制した】

2011年の3月11日に東日本大震災が発生し、東京電力・福島第一原子力発電所の事故が起こった。この事故は日本最大の原発集積地であり、「原発銀座」と呼ばれる嶺南地域（表3参照）に大きな波紋をもたらした。

福島第一原発事故は今、日本経済を深刻な危機に陥れている。それは「東日本大震災の発生⇒東京電力・福島第一原子力発電所の事故⇒中部電力・浜岡原子力発電所の運転停止⇒定期検査中の原発のドミノ倒し的運転中止⇒電力供給不安の高まり⇒高付加価値工場の海外移転⇒産業空洞化による日本経済沈没」という連鎖が発生し、日本経済が沈んでゆく危機である。矢印の連鎖が進むなか、2012年5

表3　福井県に立地する原子力発電設備

区分	設置者	発電所	所在地	認可出力 （万 kW）	運転開始年月
完成	日本原子力発電	敦賀　1号 　　　2号	敦賀市	35.7 116.0	1970年3月 1987年2月
	関西電力	美浜　1号 　　　2号 　　　3号	美浜町	34.0 50.0 82.6	1970年11月 1972年7月 1976年12月
	関西電力	大飯　1号 　　　2号 　　　3号 　　　4号	おおい町	117.5 117.5 118.0 118.0	1979年3月 1979年12月 1991年12月 1993年2月
	関西電力	高浜　1号 　　　2号 　　　3号 　　　4号	高浜町	82.6 82.6 87.0 87.0	1974年11月 1975年11月 1985年1月 1985年6月
建設中	原子力機構	もんじゅ	敦賀市	28.0	未定

注：原子力機構は，独立行政法人日本原子力研究開発機構。
出所：福井県電源地域振興課「福井県　電源三法交付金制度等の手引　平成23年度版」（2012年3月）。

第6章　自民党政権時代（2012年12月26日以降）

月、全国の原子力発電所の全てがいったん運転を停止した。3・11以前に日本の電源構成の約3割を占めていた原子力発電が全面停止したのである。大規模な停電の可能性が現実味をもつようになった。だがここで見落としてはならない点がある。電力を大量に消費する工程。半導体を製造するクリーンルーム。常時温度調整を必要とするバイオ工程。瞬間停電も許されないコンピュータ制御工程等々。結果的に停電が回避されたとしても、電力供給の「不安」が存在するだけで、操業は不可能になる。

これらの工場は、高付加価値製品を製造する日本経済の「心臓部」である。それらが海外移転することによって生じる産業空洞化は「日本沈没」に直結する破壊力を持つ。さらに火力発電用燃料費の増大による電気料金値上げが、空洞化加速の懸念に追い打ちをかけている。

問題を複雑にしているのは、連鎖をつなぐ矢印が全て合理的判断にもとづく「善意」から生じている点だ。東南海地震を憂慮し、浜岡原発を停止した菅直人首相（当時）の判断。手続きには大いに問題を残したものの一応の国民の支持は得た。浜岡原発停止を踏まえ、地元原発の定期検査明け運転再開に慎重姿勢をとる各県の知事。株主への善意を怠ることの許されない経営者としての判断がある。電力供給不安に直面して生産拠点を海外へ移す動き。住民の安全に対する善意だ。

一つ一つの矢印は善意に基づいていても、それがつながってしまうと「日本沈没」の最悪シナリオが現実化する。まさに「地獄への道は善意で敷き詰められている」（カール・マルクス「資本論」）のだ。

「日本沈没」への連鎖を断ち切るには、どうすればいいのか。「中部電力・浜岡原子力発電所の運転

177

第Ⅱ部　福島第一原発事故後の電力改革・原子力改革への応用経営史の適用

停止⇨定期検査中の原発のドミノ倒し的運転中止」の矢印を外すしか手はない。そのためには国がリーダーシップを発揮すべきだった。が、現実はそうならなかった。

そして矢印を外す第一歩となったのが、昨年7月の関西電力・大飯原子力発電所3、4号機の再稼働だった。ただ、それは国のストレステストシナリオではなく、福井県の暫定安全基準シナリオにもとづいて実行された。「福井目線」が「東京目線」や「大阪目線」を制した瞬間だった。なぜそのような事態が生じたのか。その意味は何だったのか。項をあらためて論じたい。

【一番悩んでいる者が希望を見出す】

東京電力・福島第一原子力発電所の事故が発生してわずか1ヵ月後の2011年4月、福井県は海江田万里経済産業大臣（当時）に宛てて「要請書」を提出した。その中で県は国に対して、事故で得られた知見を踏まえた新たな安全基準の明確化を求めた。その際、新安全基準を「相応の時間を要する」ものと「暫定的」なものとに大別し、当面、暫定基準による原発再稼働の検討という、局面の打開策を提案した。

国の反応は鈍かった。7月になってようやく重い腰をあげたが、それも菅直人首相（当時）が突然、ストレステストの実施を再稼働の前提条件として持ち出すという、付け焼刃的なものだった。ストレステスト自体は、原発の非常事態に対する余裕度を測るものであり、原発の安全性向上に資する有意義なものだ。事実、ヨーロッパ諸国は、福島第一原発事故を受け、日本に先駆けて、

178

第6章　自民党政権時代（2012年12月26日以降）

2011年6月にストレステストを開始した。ただしそれは原子力発電所を稼動させながら、コンピュータを使ってのものだった。

しかし日本では、ストレステストが原発再稼働の前提条件とされた。なぜヨーロッパと違うのかについての説明はなかった。そもそも福島第一原発事故の当事国である日本の首相でありながら、なぜヨーロッパ諸国より遅れてストレステストを突然持ち出したのか。やるならば福島第一原発事故の直後にストレステストを提案すべきだった。これらの事実は菅首相のストレステスト提案が、唐突で場当たり的だったことを物語っている。

その後の展開は、よく知られているとおりである。2012年7月、関西電力の大飯原子力発電所3、4号機は、国のストレステストシナリオにはよらず、福井県が提唱した暫定安全基準シナリオにもとづいて、再稼働することになった。

なぜ、そのようなことになったのか。国も、電気事業者も、そして途中で口を挟んだ大阪市、滋賀県等の関西広域連合も持ち合わせていなかったものがあった。そしてそれを福井県だけが持ち合わせていた。「当事者能力」である。

嶺南の住民そして福井県民は、長い間、多くの原発と共に日々暮らしてきた。そして表4にある通り、これまで原発事故をいく度も経験してきた。だからこそ福井県は原発当事者として、全国の立地自治体の中でも突出した独自の厳しい安全規制を遂行し、それを担う体制を整えてきたのである。そのあたりの事情は、長年、福井県の原子力行政に携わってきた来馬克美さんが3・11直前に出版した

179

「君は原子力を考えたことがあるか──福井県原子力行政40年私史──」に詳しい。

なぜ福井県が大飯原発再稼働の過程で主導権を発揮できたのだろうか。それは嶺南の住民や福井県民が、常に最前線で真正面から問題に対峙してきたからだ。一番悩んできた者は、一番真剣に考えてきた者である。そして一番真剣に考えてきた者が、多くの場合、一番現実的な打開策、つまりはリアルな希望を見いだせるのである。

【原発からの出口戦略：嶺南の未来】

2012年末に行われた総選挙では、「脱原発」や「卒原発」のスローガンが声高に叫ばれた。しかし、代替電源の確保や電気料金の抑制、使用済み核燃料の処理など、原発依存度を低下させるうえで避けることのできないテーマに関する具体的施策はほとんど示されず、スローガンのみを振りかざした政党は、国民的

表4　福井県内の原子力発電所における主要な事故

事業者	発電所	事故の内容	発生年月	運転再開等
日本原子力発電	敦　賀	1号機一般排水路放射能漏洩事故	1981年4月	通商産業省が6ヵ月間の運転停止処分
関西電力	美　浜	2号機蒸気発生器伝熱管破断事故	1991年2月	1994年10月営業運転再開
原子力機構	もんじゅ	ナトリウム漏洩事故	1995年12月	2010年5月試運転再開
日本原子力発電	敦　賀	2号機1次冷却水漏洩事故	1999年7月	2000年2月営業運転再開
関西電力	美　浜	3号機2次系配管破損事故	2004年8月	2007年2月営業運転再開

注：原子力機構は，独立行政法人日本原子力研究開発機構。1995年の事故当時は，動力炉・核燃料開発事業団。
出所：福井県原子力安全対策課『福井県の原子力〈別冊〉』（改訂13版，2009年）。

第6章　自民党政権時代（2012年12月26日以降）

なぜ、そうなったのか。それは、原発問題を真に解決するためには外すことができない視点を採り入れなかったから、つまり、原発が立地する地元の住民の目線から考えることをしなかったからである。現在の日本において、最も長く最もたくさんの原発が存在するのは、他ならぬ福井県の嶺南地域である。東京目線や大阪目線、滋賀目線だけでなく、福井目線、嶺南目線を採り入れない限り、原発問題の解決はあり得ない。

嶺南は、「原発銀座」として、電力供給の面で社会に貢献しているばかりではない。使用済み核燃料を暫定的に保管しているという意味でも、大きな役割を果たしている。表5にあるとおり、福井県下の原子力発電所で通常どおり運転が行われ、他地域へ使用済み核燃料が移送されないとすれば、美浜・高浜・大飯原発では7年余り、敦賀原発では9年余りで、保管能力が限界に達することになる。

福島第一原発の事故では、定期検査で運転休止中であった4号機でも水素爆発が起こり、燃料プールに保管中であった使用済み核燃料の危険性が問題になった。福井県下の各原発でもこれからは、使用直後

表5　福井県内の原子力発電所における使用済み核燃料の貯蔵状況（2012年3月末）

（単位：トン・ウラン）

事業者	発電所	1炉心	1取替分(A)	使用済み燃料貯蔵量(B)	管理容量(C)	管理余裕(C－B)	管理容量超過までの年数 (C－B) ÷ (A×12÷16)
関西電力	美浜	160	50	390	680	290	7.7年
	高浜	290	100	1,160	1,730	570	7.6年
	大飯	360	110	1,430	2,020	590	7.2年
日本原子力発電	敦賀	140	40	580	860	280	9.3年

注：管理容量は、貯蔵容量から1炉心＋1取替分を差し引いた容量。
出所：資源エネルギー庁「原子力政策の課題」（2012年9月）。

第Ⅱ部　福島第一原発事故後の電力改革・原子力改革への応用経営史の適用

の核燃料を冷却する燃料プールだけでなく、そこである程度冷やした使用済み核燃料をより危険性の低い乾式空冷方式で保管する金属キャスクを、安全度の高い場所に設置することが必要となる。そして、電力供給面での貢献に対して支払われる電源三法交付金とは別に、使用済み核燃料の保管という役割に対しても、きちんとした財政的支援が行われてしかるべきだろう。

誤解をおそれず言えば、原発の最前線で一番真剣に悩んでいる嶺南の人々が見いだすべき希望の中身は、建設的な意味での「原発からの出口戦略」である。これからしばらくの間、原子力規制委員会が定める安全基準をクリアした原発は運転を続けることになる。しかし、使用済み核燃料の問題を根本的に解決することは困難であり、日本人だけでなく人類全体がやがていつの日にか、原発をたたまざるをえないだろう。その時に向けて、原発がなくともやっていけるまちの未来図を描き上げることが、嶺南の住民に求められている。

原発からの出口戦略それ自体は、それほど難しいものではない。原発は、発電設備は危険だが、変電設備・送電設備は立派である。時間はかかるだろうが、発電設備をLNG（液化天然ガス）火力や最新鋭石炭火力に置き換えた上で、変電所・送電線は今のものを使い続ければいい。そうすれば、火力発電のビジネスと原発廃炉の仕事によって、地元のまちの雇用は確保され、経済は回る。肝心なのは、その具体的なプランを、嶺南地域や福井県の住民自身が作り上げることだ。

原発をめぐって、長い間、嶺南と福井は、電気事業者や国に振り回されてきた。しかし、そのような時代は終った。これからは現存する原発を手掛かりに、嶺南と福井が提案し行動することで、電気

182

第6章 自民党政権時代（2012年12月26日以降）

事業や国の在り方そのものを変えていく時代が、必ずやって来る。そう私は確信している。

一方、②の「エネルギー供給構造全体を変革しうる水素の可能性」については、文献（222）・文献（227）・文献（264）・文献（289）・文献（320）・文献（335）・文献（337）・文献（350）などにおいて、次のように論じた。

【水素活用への高い位置づけ】
 2014年は、水素エネルギー活用へ向けて、「山が動き始めた」年になった。まず4月に、東日本大震災と東京電力・福島第一原子力発電所事故のあと初めて閣議決定された「エネルギー基本計画」が、水素について、「将来の二次エネルギーの中心的役割を担うことが期待される」と述べ、きわめて高い評価を与えた。6月には、資源エネルギー庁エネルギー・新エネルギー部燃料電池推進室が事務局をつとめた水素・燃料電池戦略協議会が、「水素・燃料電池戦略ロードマップ」をとりまとめた。11月には、東京都が、2020年の東京オリンピック・パラリンピックを水素社会実現へ向けた大きなステップとする方針を打ち出し、具体的な施策と予算措置を発表した。それに相前後して、ホンダとトヨタが燃料電池自動車の市場投入を決め、岩谷産業とJX日鉱日石エネルギーが水素ステーションでの水素販売価格を公表した。水素エネルギー活用へ向けての動きが、一挙に活発化したのである。

第Ⅱ部　福島第一原発事故後の電力改革・原子力改革への応用経営史の適用

もともと日本は、水素を利用する燃料電池の実用化において、諸外国を大きくリードしてきた。2009年に家庭用燃料電池を世界に先がけて市場投入した事実は、そのことを端的に示している。そして、2014年12月には、日本のカーメーカー（トヨタ）による量産型燃料電池自動車の市販化が、ついに実現した。これもまた世界初の快挙であることは、広く報道されたとおりである。水素活用へ向けた動きを本格化させる起点となったのは、2014年4月策定の「エネルギー基本計画」が、「"水素社会"の実現に向けた取組の加速」という項を設けて、次のように記述したことである。

「無尽蔵に存在する水や多様な一次エネルギー源から様々な方法で製造することができるエネルギー源で、気体、液体、固体（合金に吸蔵）というあらゆる形態で貯蔵・輸送が可能であり、利用方法次第では高いエネルギー効率、低い環境負荷、非常時対応等の効果が期待される水素は、将来の二次エネルギーの中心的役割を担うことが期待される。

このような水素を本格的に利活用する社会、すなわち"水素社会"が実現していくためには、水素の製造から貯蔵・輸送、そして利用にいたるサプライチェーン全体を俯瞰した戦略の下、様々な技術的可能性の中から、安全性、利便性、経済性及び環境性能の高い技術が選び抜かれていくような厚みのある多様な技術開発や低コスト化を推進することが重要である。水素の本格的な利活用に向けては、現在の電力供給体制や石油製品供給体制に相当する、社会構造の変化を伴うような大規模な体制整備が必要であり、そのための取組を戦略的に進める」。

184

第6章 自民党政権時代（2012年12月26日以降）

「エネルギー基本計画」は、このように述べたうえで、そのための施策として、

（1）定置用燃料電池（エネファーム等）の普及・拡大
（2）燃料電池自動車の導入加速に向けた環境の整備
（3）燃料の本格的な利活用に向けた水素発電等の新たな技術の実現
（4）水素の安定的な供給に向けた製造、貯蔵・輸送技術の開発の推進
（5）"水素社会"の実現に向けたロードマップの策定

の諸点をあげた。このうち第5の施策にもとづいて、水素・燃料電池戦略協議会は2014年6月に、国レベルの「水素・燃料電池戦略ロードマップ」をとりまとめたのである。同協議会が設置され、同協議国の「水素・燃料電池戦略ロードマップ」は、「水素社会の実現に向けた取組の加速」という「エネルギー基本計画」の該当項と同一の副題を掲げ、2025年ごろまでのフェーズ1、2020年代後半から2030年ごろにかけてのフェーズ2、2040年ごろへ向けたフェーズ3の3段階に分けて、それぞれの到達目標を示している。

フェーズ1では、「水素利用の飛躍的拡大（燃料電池の社会への本格的実装）」が課題となる。具体的には、家庭用燃料電池および燃料電池自動車の市場投入に続いて、2017年に業務用・産業用の燃料電池を市場投入する。2020年ごろにはハイブリッド車の燃料代と同等以下の水素価格を実現し、2025年ごろには同車格のハイブリッド車と同等の価格競争力を有する燃料電池車の車両価格を実現する。

フェーズ2の課題は、「水素発電の本格導入」および「大規模な水素供給システムの確立」である。具体的には、2020年代半ばに海外からの水素価格（プラント引渡価格）を30円/N㎥とし、商業ベースでの効率的な水素の国内流通網を拡大する。そして2030年ごろには、海外での未利用エネルギー由来の水素の製造、輸送、貯蔵を本格化するとともに、発電事業用水素発電を本格導入する。

フェーズ3では、「トータルでのCO2（二酸化炭素）フリー水素供給システムの確立」が課題となる。具体的には、2040年ごろまでに、CCS（二酸化炭素分離・貯蔵）や国内外の再生可能エネルギーとの組み合わせによるCO2フリー水素の製造、輸送、貯蔵を本格化する。

このロードマップが順調に遂行されると、日本国内での水素・燃料電池関連の機器・インフラ産業の市場規模は拡大する。「水素・燃料電池戦略ロードマップ」の試算によると、2030年には約1兆円、2050年には約8兆円に達するとのことである。

【水素活用の意義と課題】

ここまで、水素活用に向けた国レベルの方針について概観してきたが、そもそも水素活用には、どのような意義があるのだろうか。それは、次の5点にまとめることができる。

第1は、水素が、使用時に二酸化炭素を排出しない、地球にやさしいエネルギー源だという点である。ただし、これはあくまで使用時に限ってのことであって、製造時に化石燃料を使用すれば、水素のこのメリットは損なわれる。したがって、水素の環境特性がフルに発揮されるのは、再生可能エネ

186

第6章　自民党政権時代（2012年12月26日以降）

ルギーを使って水素を製造した場合だということになる。

第2は、水素を燃料電池として使う場合、電気化学反応で電気を発生させるためエネルギー効率がきわめて高く、省エネの切り札となる点である。一般電気事業者による通常の発電の場合には、おおまかに言って、約6割のエネルギーが無駄になる。燃料電池による発電は、このエネルギーロスを大幅に解消する。また、家庭用・ビル用の定置型燃料電池は、熱と電気をあわせて供給するため、この面でも、省エネ効果が大きい。

第3は、燃料電池自動車や定置型燃料電池が、直下型地震等の有事の際に緊急のエネルギー供給源となり、いのちと暮らしを守る武器となる点である。燃料電池の普及は、防災機能を向上させることにつながる。

第4は、水素は、いろいろな方法で作ることができ、エネルギー源としてだけでなくエネルギーの運搬手段としても使うことができるため、他のエネルギー源と組み合わせれば、他のエネルギー源の弱点を補い、それらのメリットを引き出す役割をはたしうる点である。ある意味では、この「エネルギー構造全体を変えるポテンシャル」こそ、水素活用の最大の魅力だと言える。そのポテンシャルについては、より具体的な形で後述する。

第5は、水素利用技術に関してわが国は世界をリードしており、水素活用が進めば、日本経済全体の活性化と雇用の拡大に貢献できる点である。燃料電池関連技術の国別特許出願数の点で世界トップを占めるのはわが国であり、2位以下を大きく引き離している。水素タンクの製造に関しても、日本

187

メーカーの競争力は高い。水素利用分野は、地熱発電分野などとともに、わが国企業が競争優位を確保しているのである。

ただし、水素活用にはいくつかの課題が残されていることも事実である。

最大の課題は、コストを切り下げることである。どんなに素晴らしいエネルギー源でもコストが高い限り、普及にはいたらない。コスト低減の王道は技術革新であるが、それ以外にも、①コストが低い他のエネルギー源と組み合わせて水素を使い、水素のメリットを活かすようにして、全体としてのコスト・パフォーマンスを高める、②当面は相対的に低コストの副生水素（その生産過程では化石燃料を使用することが多い）を用いて水素供給インフラを整え、水素利用の量産効果を引き出してコストを低減させてから、再生可能エネルギー由来の「グリーン水素」の使用量を増大させる、などの工夫も必要であろう。

もう一つの課題は、住民が参加して地域ごとに水素社会をつくる仕組みを構築することである。そのためには、安全確保面や税金負担面などで住民の合意が形成されるようなプロセスが求められることは、言うまでもない。世界的にみても、分散型エネルギー供給に資する水素の活用は、地域ごとに進められることが多い。地域に立脚した水素社会づくりには、住民参加が不可欠の要素なのである。

現実的な課題としては、水素に関するサプライチェーンは、「鶏が先か卵が先か」というたとえで評されることが多かった。お互いに相手の普及が前提となるため、様子見となって、結果として前に進まない状況

188

第6章　自民党政権時代（2012年12月26日以降）

が続いたからである。しかし、最近は、両者の間柄をたとえて、「花とミツバチ」という表現が使われるようになってきた。相互の共生関係を認識して、燃料電池自動車と水素ステーションとを「せーの」で同時に立ち上げようというのだ。わが国は、燃料電池の開発・利用の面では世界に先行しているが、水素インフラの整備の面では、まだまだ世界に立ち遅れている。水素に関するサプライチェーンを「せーの」で一斉に立ち上げるためには、国民的なイベントが絶好のチャンスとなる。ここにきて、2020年の東京オリンピック・パラリンピックを水素活用社会実現へ向けた一大ステップとするという東京都のプランが社会的な注目を集めるようになったのは、このような事情が存在するからである。

【欧州で盛んな「パワー・トゥ・ガス」とは何か】

ここでとくに注目したいのは、上記の水素活用の「第4の意義」、つまり「エネルギー構造全体を変えるポテンシャル」である。筆者（橘川）がそれを実感できたのは、2015年1月にベルギーとイタリアで、水素活用にかかわる調査、見学を行う機会を得たときのことである。

ベルギーのブリュッセルでは、水素と発電を関連づける事業として、最近、注目を集めつつある「パワー・トゥ・ガス」について、GERG（The European Gas Research Group）と欧州委員会の関係者からヒアリングを実施した。パワー・トゥ・ガスとは、主として再生可能エネルギー発電によって発生した余剰電力を使って、発電地点で水の電気分解を行い、発生した水素ガスを、天然ガスパイ

プラインに混入して消費地まで運び、そこで熱用、発電用等に充てるという方式である。GERGは、ガス関連のR&Dを促進し、EU（欧州連合）のガス産業を強化する目的で結成されたガス会社を中心とする民間団体である。一方、欧州委員会では、２０１４～２０年の７年間に総額７８０億ユーロを投じて進められる巨大な研究開発イノベーション・プログラムである「Horizon20」について、情報提供を受けた。

Horizon20 も、全体の予算の約１％に当たる７億ユーロを水素・燃料分野に充てている。主な研究テーマは、水素生産、発電施設、交通インフラ、市場展開などであり、その中には、パワー・トゥ・ガスも含まれる。パワー・トゥ・ガスの研究に熱心に取り組む点では、GERGも同じである。風力や太陽光などの再生可能エネルギーを利用した発電の導入が進み、一方で、場所によっては、送電網に比べて天然ガスパイプライン網の方が充実している欧州では、パワー・トゥ・ガスは、「再生可能エネルギーと他のエネルギーとの統合」の重要な選択肢となるのである。

日本でもFIT（固定価格買取制度）によってメガソーラー発電のプロジェクトが相次いで立ち上がり、地域によっては、送電網の受入れ可能容量を超えてしまったことが、社会問題となっている。しかし、わが国の場合には、天然ガスの高圧パイプライン網は、国土の５％しかカバーしておらず、たとえメガソーラー発電所で電気分解を行い水素ガスを生産しても、それを混入すべき天然ガスパイプラインが近くに存在しないケースが圧倒的に多い。その意味でパワー・トゥ・ガスが、再生可能エネルギーと天然ガスとを将来の課題と言わざるをえないが、それでも、パワー・トゥ・ガスが、再生可能エネルギーと天然ガスとを結びつ

第6章　自民党政権時代（2012年12月26日以降）

ける重要な選択肢であることは、間違いない事実である。また、今後、原子力発電所の廃炉の進行にともない、代替的なベースロード電源としてLNG火力発電所の新設が進めば、天然ガスパイプライン網が一挙に拡充される可能性も、十分に存在する。

イタリア・ベネチア近郊のフジーナでは、Enelの火力発電所で、水素発電装置の実機を見学した。同発電所では、隣接するeniの石油化学プラントから延べ4kmに及ぶパイプラインを通じて水素の供給を受け、水素リッチガスによる実証発電を2009〜10年に実施した。運転時間は2300時間に及び、二酸化炭素や窒素酸化物の排出量の削減に大きな成果をあげたにもかかわらず、残念ながら実証発電は、欧州経済危機の影響を受けたEUおよびイタリア政府の資金難によって、2011年に打ち切られた。将来は、石炭のガス化と水素発電を結合しようとしていただけに、印象的であった。

現地の技術責任者の方が、何度も悔しさをにじませていたのが、印象的であった。欧州での調査・見学で感じたことは、水素の活用が、日本のエネルギーミックスにおいても重要な選択肢となりうるということである。

【エネルギー構造全体を変えるポテンシャル】

水素は、日本のエネルギー構造全体を転換する可能性がある。ここでの議論をまとめるにあたって、水素活用の最大の魅力と言える「エネルギー構造全体を変えるポテンシャル」について、今一度光を当ててみたい

191

2014年策定の「エネルギー基本計画」は、この点に関して、次のように述べている。

「水素の供給については、当面、副生水素の活用、天然ガスやナフサ等の化石燃料の改質等によって対応されることになるが、水素の本格的な利活用のためには、水素をより安価で大量に調達することが必要になる。

そのため、海外の未利用の褐炭や原油随伴ガスを水素化し、国内に輸送することや、さらに、将来的には国内外の太陽光、風力、バイオマス等の再生可能エネルギーを活用して水素を製造することなども重要となる。具体的には、水素輸送船や有機ハイドライド、アンモニア等の化学物質や液化水素への変換を含む先端技術等による水素の大量貯蔵・長距離輸送など、水素の製造から貯蔵・輸送に関わる技術開発等を今から着実に進めていく。また、太陽光を用いて水から水素を製造する光触媒技術・人工光合成などの中長期的な技術開発については、これらのエネルギー供給源としての位置付けや経済合理性等を総合的かつ不断に評価しつつ、技術開発を含めて必要な取組を行う」。

「エネルギー基本計画」の表現はややわかりにくいが、大まかに言えば、水素活用を拡大する一つのカギは、「コストが低い他のエネルギー源と組み合わせて水素を使い、水素のメリットを活かすようにして、全体としてのコスト・パフォーマンスを高める」ことにある。具体的には、どのような方法があるのだろうか。

第6章　自民党政権時代（2012年12月26日以降）

「高いが環境特性に優れる」水素は、「安いが環境特性に劣る」石炭と組み合わせると、相互補完的な効果が発揮される。川崎重工業が事業化をめざしている褐炭由来のCO2（二酸化炭素）フリー水素チェーンは、その具体的な事例である。褐炭由来のCO2フリー水素チェーンは、オーストラリアのビクトリア州で褐炭ガス化水素製造装置を稼働させ、現地でCCS（二酸化炭素回収・貯留）を行うとともに、積荷基地から水素を専用の水素輸送船で日本の揚荷基地に運搬し、わが国において水素発電、水素自動車などの形で水素を活用しようとするものである。この水素チェーンが実現すれば、CCSの本格的な実施と水素利用の活発化によって、地球環境の維持に大きく貢献することになるが、効果はそれだけにとどまらない。オーストラリアにとっては（とくに同国内のニューサウスウェールズ州やクイーンズランド州に比べて高品位炭に恵まれていないビクトリア州にとっては）、褐炭ガス化水素製造装置から副生されるアンモニアや尿素を活用して化学工業や肥料製造業を振興させることができれば、念願の褐炭（低品位炭）の有効利用を達成することができる。一方、日本にとっては、「2国間オフセット・クレジット方式」に近いやり方で、CCSに協力し国内で水素発電を行う事業者には、同時に最新鋭石炭火力発電所の新増設をある程度認めるというシステムを導入するならば、日本経済にとって最大の脅威の一つとなっている発電用燃料コストの膨脹を抑制することができる。このように褐炭由来CO2フリー水素チェーンの構築は、二重三重に有意義なプロジェクトなのである。

水素は、石油や天然ガス、風力や太陽光と組み合わせることもできる。千代田化工建設が事業化を

第Ⅱ部　福島第一原発事故後の電力改革・原子力改革への応用経営史の適用

めざす「SPERA水素」プロジェクトは、その具体的な事例である。SPERA（スペラ）とは、ラテン語で「希望せよ」という意味をもつ言葉だそうだが、同社は、油田・ガス田や炭鉱、大規模ウインドファームの近くに設置するプラントで生成した水素を、トルエンと反応させて運びやすい有機ハイドライドのMCH（メチルシクロヘキサン、常温・常圧では液体）に変え、それを日本などに運んで脱水素プラントにかけて水素にもどし利用する（その際、脱水素プラントで水素から分離されたトルエンは、水素化プラントへ移されて再利用される）構想を推進している。この構想のポイントは、MCH化することで「運びやすい水素」「貯めやすい水素」を実現した点にあり、この「使いやすい水素」を千代田化工建設は、「SPERA水素」と名づけている。「SPERA水素」が普及すれば、水素を活用したいという人類の希望は、文字通りにかなうことになる。

千代田化工建設は、水素のMCH化を、第1ステップとして、産油国・産ガス国・産炭国の水素製造プラントと結びつけて実施しようとしている。その場合には、油田・ガス田・炭鉱で水素改質時に発生する二酸化炭素をその場で回収し、貯留すること（いわゆるCCS）により、二酸化炭素排出量を大幅に削減することが可能になる。また、油田においては、回収した二酸化炭素を注入することによって、残留原油の増進回収（いわゆるEOR）を行って、石油の増産につなげることもできる。

千代田化工建設が水素のMCH化の第2ステップとしてめざしているのは、風力発電・太陽光発電などで得た電気を用いて水の電気分解を行い、そこで製造した水素を「SPERA水素」として活用することである。風力発電や太陽光発電は、ほとんど二酸化炭素を排出しない電源として、地球温暖

194

第6章　自民党政権時代（2012年12月26日以降）

6　問題解決の道筋の具体的提示

本章が対象とするのは、2012年12月26日〜2015年10月31日の時期であるが、この時期に筆

化対策の切り札的存在であるが、送電線を新たに敷設しなければならないケースが多く、それがコスト高につながって普及を遅らせているという泣き所をもつ。これに対して、上手に仕組みを作り上げることができれば、「SPERA水素」は、送電線に代わって、エネルギーを運搬する役割をはたすことになる。「SPERA水素」は、風力発電や太陽光発電の普及を促進するのである。

このほか、既述のようにヨーロッパでは、風力発電で生じた余剰電力を使い水の電気分解を行って水素を発生させ、それを天然ガスパイプラインに混入して、ガスとして使用する「パワー・トゥ・ガス」がさかんに行われ始めている。これは、水素を活用して、送電線不足で無駄になる風力発電の余剰電力を有効利用しようという試みである。

このように水素は、他のエネルギー源と組み合わせれば、他のエネルギー源の弱点を補い、それらのメリットを引き出す役割をはたしうる。繰り返しになるが、この「エネルギー構造全体を変えるポテンシャル」こそ、水素活用の最大の魅力なのである。

2014年に「山が動き始めた」水素活用社会への流れ。今後の展開から、目が離せない。

第Ⅱ部　福島第一原発事故後の電力改革・原子力改革への応用経営史の適用

者が原子力改革と電力改革に関し、「問題解決の道筋の具体的提示」（応用経営史の第4の作業手順）を企図して行った発言のうち、最も包括的なものは、2013年11月15日に刊行した文献（210）（『世界のなかの日本経済：不確実性を超えて2　日本のエネルギー問題』NTT出版）である。同書の結論部分から関連箇所の記述を抜粋すると、次のようになる。

【本書が明らかにしたもの】

本書では、東京電力・福島第一原発事故後、根本的な見直しが求められることになった日本のエネルギー政策のあり方を検証し、エネルギー産業の進むべき道を展望してきた。ここでは、本書の各章で示した主要な提言や見通しを再確認することによって、日本のエネルギー政策とエネルギー産業のゆくえを展望することにしよう。

第1章で取り上げた原子力問題に関しては、

1−1　原子力規制委員会が設定する新しい規制基準をクリアした原子力発電所の再稼働を認めるべきである、

1−2　ただし、原子力発電所の運転に関してはバックフィット基準を適用し、それにもとづいて、いつでも運転を停止できる仕組みを導入すべきである、

1−3　使用済み核燃料の処理問題（バックエンド問題）の解決は困難であり、それをふまえれば、「リア

原子力発電は人類にとっての過渡的なエネルギーにとどまると考えるべきであり、

第6章 自民党政権時代（2012年12月26日以降）

1-4 「原発からの出口戦略」は、①発電設備の最新鋭火力発電への時間をかけた転換、②廃炉ビジネスによる雇用の確保、③金属キャスクを用いた乾式空冷方式による使用済み核燃料の発電所内暫定保管とそれへのきちんとした財政的支援、という3点からなり、この戦略を採用すれば、現在の原発立地地域においても「原発なきまちの未来図」を描くことができる。

1-5 将来の電源構成の決定にあたっては、(1)再生可能エネルギーの最大限の導入、(2)省エネと節電の推進、(3)火力発電の燃料費調達コスト削減とゼロ・エミッション化の追求、という3点を独立変数とすべきであり、原子力発電の比率については、技術革新等不確実性をともなうこれら3変数の従属変数として、「引き算」で決めるべきである。

1-6 上記の1-5の考え方に立ち、「40年廃炉基準」を念頭におくと、2030年のわが国の電源構成における原子力発電のウェイトは、15%程度と見込まれる。

1-7 「国策民営方式」のもつ矛盾を解消するため、原子力発電事業は民間電力会社から分離し、場合によっては国営化をめざすべきである。

などの論点を提示した。

第2章で論じた電力改革については、

2-1 東京電力問題の本質は「高い現場力と低い経営力のミスマッチ」にあり、電力システムの

197

第Ⅱ部　福島第一原発事故後の電力改革・原子力改革への応用経営史の適用

2-2 改革を進めるにあたっては、「低い経営力」を解消することに力を入れるべきである、上記の2-1の観点に立てば、電力システム革新の焦点は、電力小売の全面自由化と電力会社間競争の本格化にあると言える、

2-3 一方、メリットをもちつつも現場力を後退させるおそれがある発送電分離については、拙速を避け、慎重に取り組むべきである、

2-4 電力システム改革は、実際には電力システム改革専門委員会（2013）注28が示した工程表とは別に、それに先んじる形で、東京電力の真の再生プランの実行にともなって進行する可能性がある、

2-5 東京電力の真の再生プランの実行は、発電所の売却による東京電力の送変電会社への特化（システムインテグレーター化）、中部電力等の東京電力供給エリア進出による小売全面自由化の開始、柏崎刈羽原子力発電所売却による事業主体の転換、などに帰結するであろう、

2-6 電力需給構造については、需要サイドからのアプローチを重視する方向で改革すべきであるが、そのためには、分散型系統運用を導入、拡充する必要がある、

2-7 電源構成については、全体として原子力発電への依存度を低下させるとともに、各電力会社が「横並び」から脱却して個性を発揮すべきである、

などの諸点を指摘した。

（中略）

第6章　自民党政権時代（2012年12月26日以降）

【今こそ、リアルでポジティブな議論が求められている】

本書の記述を終えるにあたって、あえて、冒頭で強調した論点を繰り返すことにしたい。

東京電力・福島第一原子力発電所の事故によって、わが国のエネルギー政策は、ゼロベースで見直されることになった。今日ほどエネルギー問題に対する国民的関心が高まった時期は、1970年代の石油危機時を除けばなかったと言えるだろう。せっかく関心が高まっているのであるから、それをエネルギー政策にかかわる有意義な改革に結びつけることが、大切である。

有意義な改革につながるようエネルギー政策の見直しを進めるためには、何よりもリアルでポジティブな議論を展開することが求められている。例えば、原子力発電に関して言えば、「反対だ」「推進だ」と、原理的な主張を繰り返すだけの時代は終った。原発の危険性と必要性の両面を直視し、どのようにバランスをとるかという、リアルで冷静な議論が求められている。エネルギー問題をめぐる論調では、相手を批判するだけのネガティブ・キャンペーンがまだまだ多い。論争は重要であるが、自分と異なる意見を批判する場合には、必ずポジティブな対案を示すべきである。

エネルギー改革にとって、今、一番求められているのは、リアルでポジティブな姿勢を貫くことである。

【注】

25 筆者は、同様の議論を、文献(269)・文献(271)・文献(281)・文献(286)・文献(291)・文献(299)・文献(317)なども同じ開した。

26 文献(269)。
27 文献(271)。
28 電力システム改革専門委員会「電力システム改革専門委員会報告書」(2013年2月)。

第7章　今後の展望

1　電源ミックスの展望

ここまで、第Ⅱ部の第3章〜第6章の諸章では、2011年3月の東京電力・福島第一原子力発電所事故を契機に大きな社会的課題として浮上した電力改革・原子力改革について、応用経営史の手法を適用して論述してきた。第Ⅱ部の最終章にあたる本章では、執筆時点（2015年10月末）における電力改革・原子力改革問題の展望について、見解を明らかにしたい。具体的に取り上げるのは、電源ミックスの展望と、電力自由化の展望とである。

まず、電源ミックスの展望に目を向けよう。この論点に関して筆者は、文献（316）・文献（347）などにおいて、次のような議論を展開した。

【2015年策定の電源ミックスと「S＋3E」】

2015年7月に政府は、2030年における電源構成（電源ミックス）について、「原子力20〜

22%、再生可能エネルギー22～24%、LNG（液化天然ガス）火力27%、石炭火力26%、石油火力3%」と決定した。同時に発表した30年における一次エネルギー（発電用のみならず、民生用・運輸用・産業用の燃料需要等を含む）の構成（エネルギーミックス）は、「石油30%、LPガス3%、石炭25%、天然ガス18%、再生可能エネルギー13～14%、原子力10～11%」となった。

この電源ミックスないし一次エネルギーミックスについて審議した総合資源エネルギー調査会長期エネルギー需給見通し小委員会（以下では、「小委員会」と略す）において、経済産業省は、決定にあたっては「S＋3E」の確保が重要であるとの立場をとった。S＋3Eとは、Safety（安全性）、Economic Efficiency（経済効率性）、Environment（環境適合性）、Energy Security（エネルギー安定供給）のことである。

エネルギー政策の決定に際してS＋3Eを重視することは、至極当然のことである。問題は、小委員会において経済産業省が、S＋3Eに関して本来取り上げるべき基本的な論点に立ち入らず、浅薄で小手先の議論のみに終始したことにある。その背後には、2030年の電源ミックスに関し、何が何でも原子力発電比率を2割以上にしたいという、強い思惑が存在した。以下では、2015年策定の電源ミックスについて全体的な評価を下したうえで、S＋3Eのそれぞれに即して、小委員会での議論の問題点と、本来取り上げられるべきであった論点とについて掘り下げてゆく。

第7章　今後の展望

【二重の公約違反】

2015年策定の電源ミックスが適切なものであるか否かを判断する際に基準とすべきは、2014年、閣議決定されたエネルギー基本計画の内容である。同計画では、原子力発電への依存度について、「省エネルギー・再生可能エネルギーの導入や火力発電所の効率化などにより、可能な限り低減させる」と述べている。また、再生可能エネルギーについては、「2013年から3年程度、導入を最大限加速していき、その後も積極的に推進していく」と書いている。この文言をふまえて安倍首相は、「原発依存度を可能な限り低減する」、「再生可能エネルギーを最大限導入する」と、繰り返し表明してきた。

はたしてこの公約は、守られたと言えるだろうか。残念ながら、答えは「ノー」である。

まず、原子力発電への依存度について、考えてみよう。2012年の原子炉等規制法の改正によって、原子力発電所については、運転開始から40年経った時点で廃炉とすることが原則とされ、特別な条件を満たした場合だけ1度に限ってプラス20年、つまり60年経過時点まで運転を認めることになっている。2015年年初の時点で日本に存在した48基の原子炉のうち、2030年12月末になっても運転開始後40年未満のものは18基にとどまる。つまり、「40年運転停止原則」が厳格に運用された場合には、30基が廃炉になるわけである。残る18基に、現在建設中の中国電力・島根原子力発電所3号機と電源開発株式会社・大間原子力発電所が加わっても、20基にしかならない。これら20基が70％の稼働率で稼働したとすると、2030年に約1兆kWhと見込まれる総発電量のほぼ15％の電

第Ⅱ部　福島第一原発事故後の電力改革・原子力改革への応用経営史の適用

力を、原発は生み出すことになる。

「40年運転停止原則」が効力を発揮すると2030年における原発依存度は15％前後となるわけであるから、それより5〜7ポイント多い2015年の政府決定の「20〜22％」という数値は、原子力発電所の運転期間延長か新増設かを新たに前提としていることになる。安倍内閣ないし経産省は、「現時点で原子力発電所の新増設は想定していない」と言っているから、この5〜7ポイントの上積みは、ひとえに既存原発の40年を超えた運転、つまり運転期間延長によって遂行されるわけである。「40年運転停止原則」に則った場合、30年までに廃炉が予定される30基のうちには、2015年になって廃炉が決定した関西電力・美浜発電所1号機など5基のほかに、東京電力・福島第二原子力発電所の4基も含まれる。それらを差し引いた21基のうち、かなりの原発（おおよそ15基程度）を運転延長しなければ、政府案が言う5〜7ポイントの上積みを達成することはできない。つまり、現行の原子炉等規制法の「40年運転停止原則」ではなく、同法が例外的に可能性を認めた「60年運転」が常態化することになるわけである。このような原子炉等規制法の強引な解釈は、「原発依存度を可能な限り低減する」という公約とは合致しない。政府決定の「原子力20〜22％」について、公約違反だと言わざるをえない理由は、ここにある。

次に、再生可能エネルギー電源の比率について、見ておこう。2030年に再生可能エネルギー電源の比率を「22〜24％」にするという政府決定は、自民党政権時代の2009年4月に麻生太郎首相が「未来開拓戦略」で打ち出した、「2020年ごろに、再生可能エネルギーの導入量を最終エネ

204

第7章　今後の展望

ルギー消費の20％程度にする」という目標と比べて、後退したものだと言わざるをえない。また、2015年に環境省の委託により民間のシンクタンク（三菱総合研究所）がとりまとめた、「平均的な中位のケースで2030年に再生可能エネルギー電源比率は31％となる」という試算とも、大きく齟齬をきたしている。政府の「再生可能エネルギー電源22〜24％」という決定もまた、「再生可能エネルギーを最大限導入する」という安倍内閣の公約に違反するものだとみなさざるをえないのである。

ここまで述べてきたことからわかるように、2030年の電源ミックスに関する2015年の政府決定は、国民の期待や安倍内閣の公約からかけ離れたものとなっている。「原発依存度を可能な限り低減する」、「再生可能エネルギーを最大限導入する」という公約を守るためには、30年の電源構成における原子力発電の比率を15％程度に抑え、再生可能エネルギーの比率をその2倍の30％程度にまで引き上げる、大胆な修正が必要だったであろう。その修正がないまま確定されることになった2015年の電源ミックスに関する政府決定に対しては、強い国民的批判が避けられないだろう。

【安全性：依存度低減と組み合わせた原発リプレース】

2015年策定の電源ミックスの原案を審議した小委員会において、事務局をつとめた経産省は、3・11後のエネルギー構造改革を見据えた未来志向の議論を回避した。「2030年のエネルギー需給はこうあるべし」という論点を避けたわけであり、そのことは、盛り上がりつつある再生可能エネルギー利用の将来展望に対して、大いに冷や水を浴びせかける結果をもたらした。

第Ⅱ部　福島第一原発事故後の電力改革・原子力改革への応用経営史の適用

ただし、ここで見落としてはならない点は、未来を論じないまま導かれた2015年策定の電源ミックスの否定的な影響が、再生可能エネルギーのみならず、皮肉なことに原子力にまで及ぶことである。2030年のあるべき姿を論じるべき場であった2015年の小委員会において、安倍内閣と経産省は、世論の動向を気にして、原子力発電所のリプレースに関する検討を回避した。3年後に「ほとぼりがさめてから持ち出そう」という狙いであろうが、それは、しょせん「あと出しジャンケン」に過ぎない。また、日本国民は、そのような小手先の策略においそれとはまるほど、愚かでもない。リプレースの候補になりうる関西電力・美浜4号機にしても、日本原子力発電・敦賀3、4号機にしても、3年後の2018年に議論を始めるようでは、その建設は2030年にとうてい間に合わない。正々堂々とした議論を避け、こそこそと安倍内閣と経産省が「30年原発20〜22％方針」を決定したことは、「原発回帰路線の勝利」のように見えるが、その外見とは裏腹に、より本質的には、原子力自体の可能性を閉ざすものなのである。

S+3EのS（安全性）について言えば、当然のことながら、危険性をはらむ原子力発電をどう取り扱うが、最大の焦点となる。依存度の多寡を問わず、将来においても原発をなんらかの形で使うのであれば、危険性を最小化するために最大限の努力を払うことが、不可欠の前提となる。原発の危険性を最小化する施策とは何か。それが、最新鋭の設備を使用することである点については、多言を要しない。

ところが、日本の原発設備は、最新鋭であるとはとてもみなせない。それでも全体の半分

第7章　今後の展望

（2015年年初の時点で24基）を占める沸騰水型原子炉については最新鋭のABWR（改良型沸騰水型軽水炉）が数基存在するが、残りの半分（同時点で24基）の加圧水型原子炉については最新鋭のAPWR（改良型加圧水型軽水炉）やAP1000が皆無である。中国では、AP1000がまもなく稼働すると言われているにもかかわらず、である。

何らかの形で今後も原発を使うのであれば、同一原発敷地内で古い原子炉を廃棄し最新鋭の原子炉に置き換えるリプレースを行うことが、責任ある立場というものである。しかし、2015年の小委員会では、リプレースに関する議論は回避され、小手先の運転期間延長という方策のみが想定された。このようなやり方に対しては、「無責任な原発回帰路線」だと言わざるをえないのである。

もちろん、原発のリプレースのみを強調するのでは、「原発依存度を可能な限り低減する」という国民世論の期待や安倍内閣の公約と平仄（ひょうそく）が合わなくなる。リプレースを行うにしても、2030年度の原発依存度は15％程度にまで押し下げるべきである。可能な限り低い依存度の枠内で原発リプレースを進めることが、将来において原発を使用する際の唯一の責任ある道だと言える。

【経済効率性：火力発電用化石燃料の調達コスト削減】

S＋3Eの一つ目のEである経済効率性について経産省は、2015年の小委員会において、電源構成における原発比率を高めるほど、再生可能エネルギー電源比率を低めれば低めるほど、電力コストは下がると強く主張した。この議論が間違いだとは言わないが、重要な点は、そのような

207

論法は、電力コストやエネルギーコストの削減を図るうえで、副次的な意味しかもたないということである。

と言うのは、政府が策定した2030年の電源構成では原発と再生可能エネルギー電源の合計比率が44％にとどまり、残りの56％は火力発電が占めることになるからである。さらに、日本が消費する一次エネルギー全体で見ると、原発と再生可能エネルギーの合計比率は24％に過ぎず、化石燃料の比率はじつに76％に達する。つまり、経済性を確保するうえで主要な意味をもつのは化石燃料の調達コストの削減であり、原発の依存度の上昇や再生可能エネルギー電源の比率の低下は、副次的な効果しかもたらさないのである。

現在、火力発電用化石燃料として数量面でも金額面でも最大のウェートを占めるのは、輸入用の天然ガスであるLNGである。そのLNGの調達コストを引き下げるためには、次の五つの取組みが必要である。

(1) 原発や石炭火力という選択肢を放棄しない。「原子力をやめる」「石炭火力をやめる」と言えば、わが国は、LNG価格をめぐる交渉で足元を見られることになる。

(2) 海外での「日の丸ガス田」の開発を推進する。INPEX（国際石油開発帝石）がオーストラリアで開発・生産に携わるイクシス・プロジェクトは、「日の丸ガス田」の最初の本格的な事例である。

(3) 北米でシェールガスをまとめ買いする。このため、東京電力と中部電力とのあいだに

第7章 今後の展望

「4000万トン・アライアンス」が成立したが、これに東京ガス・関西電力・大阪ガスが加われば「7000万トン・アライアンス」が実現し、さらに有利な形でシェールガスの購入交渉に臨むことができる（ここでの4000万トンないし7000万トンは、年間のLNG購入重量）。

(4) 世界最大のLNG輸入国である日本と第2位の輸入国である韓国が連携して、バイイング・パワー（購買交渉力）を強化する。日韓両国の輸入比率の合計値は、約50％に及ぶ。現在、世界における天然ガスの取引は、北米のヘンリーハブと欧州のナショナル・バランシング・ポイントを中心に行われているが、日韓両国が手を組めば、東アジアにも、世界で3番目の天然ガス取引のハブを形成することができる。もし、そうなれば、欧州並みの価格水準でのLNG調達も、夢ではなくなる。

(5) LNG輸入の約7割を占める長期契約を更改し、取引条件をより有利なものに変更する。2015～17年には契約更改交渉が集中すると言われているが、そこでは、(1)～(4)の方策をも動員して、原油価格とのリンクを緩和するS字カーブ（LNG価格は原油価格と連動することが多いが、原油価格の急騰・急落の影響を緩和するLNG価格の設定方式を「S字カーブ」と呼ぶ）の再構築、購入価格の上昇につながる仕向地条項（LNG売買契約において荷揚げ場所を固定し、第三者への転売を禁止する条項）の撤廃など、取引条件の有利化を図ることが大切である。

2015年策定の電源ミックスの原案を作成した小委員会においては、電力（エネルギー）コストを低減させるために、(1)～(5)の方策について、突っ込んだ議論を行うべきであった。しかし現実には、そのような議論は、ほとんど行われなかった。なぜだろうか。その理由は、次のような事情に求めることができる。

(1)～(5)の方策によりLNGの安価な調達が実現すれば、LNG火力発電をベースロード電源から排除する理由はなくなる。LNG火力発電がベースロード電源に含まれるようになれば、原子力発電の比率を大幅に引き下げることが可能になる。そうなれば、「2030年の電源ミックスに関し、何がなんでも原子力発電比率を2割以上にしたいという思惑」が崩れることになる。小委員会で事務局をつとめた経産省は、このように事態が展開することをおそれて、(1)～(5)の方策について立ち入った議論を行うことを回避したのである。

「原発最優先」の経産省の方針によって、一つ目のEである経済効率性に関する最も重要な論点が、置いてけぼりにされたと言える。

【環境適合性：高効率石炭火力技術の移転による海外でのCO2排出量削減】

二つ目のEである環境適合性に、目を転じよう。2015年7月の電源ミックスおよび一次エネルギーミックスの策定を受けて、日本政府は、2030年度に温室効果ガス排出量を2013年度比で26％削減するという目標を掲げて、2015年11月末にパリで開催されるCOP21（国連気候変

第7章　今後の展望

動枠組条約第21回締約国会議）に臨むことになった。この点について経産省は、小委員会の場で、2013年比でアメリカの削減目標が18〜21％（2025年）、EUの削減目標が24％（2030年）であるのに対し、日本の削減目標がそれらを上回ることを根拠にして、「欧米に遜色ない温室効果ガス削減目標を掲げ世界をリードすることに資する長期エネルギー需給見通しを示すこと」ができたと、胸を張った。本当にそうなのだろうか。

ここで想起すべき点は、日本政府が最近になって、基準年を2005年度から13年度に変更したことである。2005年基準のままだったら、2030年の日本の削減目標は25％、EUの削減目標は35％となる。これでは、とても「遜色ない」とは言えない。基準年を2013年に変えることによってようやく、見かけ上「遜色ない」削減目標となったのである。

しかも、2013年度の日本では、原子力発電所がほとんど運転を停止していた。つまり、原発が再稼働しさえすれば、特段の努力を払わなくとも、温室効果ガス排出量を13年度の水準から減らすことができる。日本はこれまで、社会主義体制下で建設された東欧の非効率な火力発電所が残存していた1990年を基準年とするEUに対して、あるいはシェール革命が本格化する直前の2005年を基準年とするアメリカに対して、温室効果ガス排出量の削減率を大きく見せるための「恣意的な操作」だとして、批判的なコメントを加えてきた。しかし、2015年になって日本政府は、原発稼働率がほぼゼロだった2013年を基準年にすることによって、自らもまた「恣意的な操作」の仲間に加わったことになる。

211

ここで重要な点は、二つ目のEである環境適合性を追求し、地球温暖化対策に本腰を入れるのであれば、温室効果ガス排出量を日本国内で削減するよりも海外で削減する方が、はるかに効果的だということである。具体的に言えば、わが国の高効率石炭火力技術の移転による海外でのCO_2（二酸化炭素）排出量削減が、決定的に重要な意味をもつことになる。

もちろん石炭火力発電には、CO_2を大量に排出し、地球温暖化を深刻化させるという、大きな問題点がある。確かに、石炭火力発電の発電電力量当たりのCO_2排出量は大きい。火力発電用燃料コストの抑制策として石炭火力発電所を新増設すれば、それがたとえ最新鋭の高効率な発電設備であったとしても、日本国内でCO_2が増大することは避けられないだろう。

しかし、ここで見落としてはならないのは、我々が現在直面しているのは「日本環境問題」ではなく、「地球環境問題」だという点である。この点を視野に入れれば、日本の効率的な石炭火力発電技術は、世界的規模でCO_2排出量を減らす、地球温暖化対策の「切り札」となりうるという、「意外な事実」が見えてくる。我々に求められるのは、最も多くCO_2を排出する石炭火力発電所の効率を改善することができれば、CO_2排出量を最も多く減らすことができるという、柔軟な「逆転の発想」である。

福島第一原発事故直前の2010年の発電電力量に占める石炭火力のウェートを国別に見ると、日本が27％であるのに対して、アメリカは46％、中国は78％、インドは68％に達する。発電面で再生可能エネルギーの使用が進んでいると言われるドイツにおいてでさえ、石炭火力のウェートは44％に及

第7章　今後の展望

ぶ。世界の発電の主流を占めるのはあくまで石炭火力なのであり、当面、その状況が変わることはない（2010年における世界の電源別発電電力量の構成比は、石炭が41％、天然ガスが22％、水力が16％、原子力が13％、石油が5％、その他が4％であった）。

国際的にみて中心的な電源である石炭火力発電の熱効率に関して、日本は、世界トップクラスの実績をあげている。したがって、日本の石炭火力発電所でのベストプラクティス（最も効率的な発電方式）が諸外国に普及すれば、それだけで、世界のCO2排出量は大幅に減少することになる。

資源エネルギー庁の試算によれば、中国・アメリカ・インドの3国に日本の石炭火力発電のベストプラクティスを普及するだけで、CO2排出量は年間15億2300万トンも削減される。この削減量は、2013年度の日本の温室効果ガス排出量14億800万トンの108％に相当する。日本の石炭火力のベストプラクティス（最高効率）を中米印3国に普及しさえすれば、2015年に政府が打ち出した「2013年度比26％削減目標」の4・2倍の温室効果ガス排出量削減効果を、2030年を待たずして、すぐにでも実現できるわけである。この事実をふまえれば、日本の石炭火力技術は地球温暖化防止の「切り札」となると言っても、けっして過言ではないだろう。

日本の石炭火力発電所でのベストプラクティスを諸外国に普及させ、それによって海外でCO2排出量を大幅に減少させるためには、2国間オフセット・クレジット制度（JCM／BOCM, Joint Crediting Mechanism／Bilateral Offset Credit Mechanism）を拡充して導入する必要がある。2国間オフセット・クレジット制度は、日本が新興国に発電や製鉄、運輸など省エネとCO2排出量削減

213

に貢献する技術を移転させる仕組みだ。日本と技術移転先の国（ホスト国）とで政府間合意を結び、技術移転によるCO2排出量削減分の一部を日本のCO2排出量削減目標の達成に充当できるようにするのである。

2国間オフセット・クレジット方式が拡充された形で確立され、日本の石炭火力発電技術が海外で普及すれば、たとえ日本国内で石炭火力発電所が新増設され、若干CO2排出量が増えたとしても、地球大で言えば、それをはるかに上回る規模のCO2排出量の削減が進む。つまり、日本国内での火力発電用燃料コストの抑制と、地球規模での温暖化防止策の進展とが、両立するわけである。二つ目のEである環境適合性に関して本当に問うべき問題が、このような方策をいかに実現するかにあることは、誰の目にも明らかである。

【エネルギー安定供給：市場ベースでの再生可能エネルギー電源の導入】

三つ目のEであるにエネルギー安定供給に、話題を移そう。この点では、エネルギー自給率を高め、大半を輸入に頼る化石燃料への依存度を下げることが重要になる。

その意味では、2015年に政府が打ち出した、2030年の電源構成における原発と再生可能エネルギー電源の合計比率約45％（厳密には44％）、一次エネルギー構成における原子力と再生可能エネルギーの合計比率約25％（厳密には24％）という、数字自体は間違っていない。しかし、問題は、原子力と再生可能エネルギーとの内訳にある。

第7章　今後の展望

国民の期待にこたえ、「原発依存度を可能な限り低減する」、「再生可能エネルギーを最大限導入する」という公約を守るためには、2030年の電源構成における原発比率と再生可能エネルギー電源比率とを1：2にする、具体的には原発比率15％、再生可能エネルギー電源比率30％とすることが必要だったであろう。にもかかわらず政府は、両者の内訳を原発20〜22％、再生可能エネルギー電源22〜24％とした。原発比率が高過ぎ、再生可能エネルギー電源比率が低過ぎるのである。

2015年の小委員会において経産省は、再生可能エネルギー関連のFIT（固定価格買取制度）の費用負担が電力コストを高めるから再生可能エネルギー電源比率を抑制すべきだと主張した。しかし、FITに問題があるから再生可能エネルギーを抑えると言う論法は、「産湯を捨てようとして赤子を捨ててしまう」という西洋のことわざに通じるものがある。

ここで想起しなければならないのは、FITはきっかけとしては重要な意味をもつが、それ自体が再生可能エネルギー拡大の王道ではないということである。筆者（橘川）は、『PVeye』2014年10月号のオピニオン欄に載せた「FITに頼る限り、本当の再エネ時代は来ない」のなかで、「あくまでFITは最初の弾みをつけるエンジン役。最終的には市場ベースで勝負できる電源にならないとサスティナブル（持続可能）な形で入っていかない。将来にわたり使い続けるんだったら、国民負担がなければ普及しない電源なんて、長持ちしない」、と述べた。『SOLAR JOURNAL』2014年11月号に寄せた「日本の再エネの『未来』を読み解く」でも、2030年の電源ミックスにおける再生可能エネルギー発電の比率を30％（水力発電込み）と見通したうえで、同様の意見を表明した。

215

これは、FITに反対していることを意味しない。「FITだけではだめで、FITの後が大切だ」と言いたいのである。再生可能エネルギー拡大のための根本原則は市場ベースでの普及にあることを、忘れてはならない。

再生可能エネルギー発電の拡大に関してFITにだけ注目していると、日本のベンチマークとなる国は、ドイツやスペインになりがちである。しかし、本当に教訓を導くべき対象国は、一部地域で市場ベースでの太陽光発電や風力発電の普及を実現している北欧諸国、アメリカ、オーストラリア、中国などということになる。これらの国において、再生可能エネルギーが市場ベースで普及している地域の共通の特徴は、送電網が充実していることにある。

日本においても、FIT後、太陽光発電を含む再生可能エネルギー発電を本格的に拡大していくうえで鍵を握るのは、送電線問題を解決することである。そのためには、どのような方策があるのだろうか。

第1は、本当に送電線が不足しているのかチェックすることである。ここでは、今後廃炉となる原子力発電所で使っていた送変電設備の活用が焦点となる。既述のように、「40年廃炉基準」にもとづけば、2015年年初時点で日本の原子力発電所に存在した48基の原子炉のうち30基が、2030年12月末までに運転を停止することになる。再生可能エネルギー発電の本格的な拡大に不可欠な送電線問題の解決は、原発廃炉によって「余剰」となる送変電設備の徹底的な活用からスタートすべきである。

216

第7章　今後の展望

第2は、送電線を作る仕組みを構築することである。「送電線は儲からないから誰も作りたがらない」という見方があるが、本当だろうか。分散型電源の普及や広域連系の拡充が求められるこれからの日本で、送電線がボトルネック設備になることは間違いない。通常、ボトルネックとなっている設備を供給する者には、正当な利益（儲け）が与えられる。送電線の利益率は低いかもしれないが、安定的であることは間違いない。送電線を作るプロジェクトについて金融市場が的確に評価する仕組み、送電線敷設の対象となる地域での社会的受容性を高めるための仕組み、送電線投資に対して政策的に支援する仕組み、これらを構築することがきわめて大切である。電力会社には、既存の送電設備の性能を向上させることで、送電規模を拡充させる道もあることを忘れないでほしい。

第3は、そもそも送電線を必要としない方式を導入することである。全国各地にスマートコミュニティを拡大し、電力の「地産地消」のウェートを高めて、送電系統にかかる負荷を減らすこと。それと同じ目的で、再生可能エネルギー発電設備やそれと連系する変電設備において、蓄電機能を高めること。再生可能エネルギー発電の現場で、余剰分の電力を使って水の電気分解を行い、水素の形で「電気」を消費地に運ぶこと。これらはいずれも、それほど大規模な送電線敷設を行わなくとも再生可能エネルギー発電の拡大を実現する方策である。

ここで言及した送電線問題の解決策のなかには、相当に時間がかかるものもある。一方で、すぐに取りかかれるものもある。その双方を着実に遂行して送電線問題を克服し、市場ベースでの普及をめざすことが、再生可能エネルギー利用を本格的に拡大するための王道である。

217

【ただちに電源ミックスを改定すべき】

ここでは、2030年の電源ミックスないし一次エネルギーミックスを議論する際に本来取り上げられるべきであった論点について、S+3Eに即して掘り下げてきた。その結果、安全性に関しては依存度低減と組み合わせた原発のリプレースが、経済効率性に関しては火力発電用化石燃料の調達コストの削減が、環境適合性に関しては高効率石炭火力技術の移転による海外でのCO2排出量の削減が、エネルギー安定供給に関しては市場ベースでの再生可能エネルギー電源の導入が、それぞれ取り上げられるべきであったことが明らかになった。

しかし、小手先の議論に終始した2015年の総合資源エネルギー調査会長期エネルギー需給見通し小委員会では、これらの論点は十分に議論されなかった。本来取り上げられるべき論点を掘り下げるため、ただちにメンバーを入れ替えて、2030年の電源ミックスないし一次エネルギーミックスに関する審議を再開すべきである。その際、めざすべき電源ミックスは、原子力発電15％、再生可能エネルギー発電30％、火力発電55％（うちコジェネレーションと自家用発電で15％)、となるであろう。

2　電力自由化の展望

続いて、電力自由化の展望に目を転じよう。この論点に関して筆者は、文献（334)・文献（336)・文

第7章　今後の展望

献（338）〜（339）・文献（342）〜（346）において、およそ次のような議論を展開した。

【本格的な改革スタート】

2015年4月の電力広域的運営推進機関の発足によって、本格的な電力システム改革が、いよいよスタートすることになった。2015年開始のシステム改革については「電力自由化」という表現がしばしば使われるが、実は、部分的な自由化は、すでにその20年前から始まっていた。1995年から2008年にかけて4次にわたって実施された部分的電力自由化によって、新規参入や事業者間競争が可能な需要分野が徐々に拡大していたのである。具体的には、2000年に契約電力2000kW以上の特別高圧需要家、2005年に50kW以上の高圧需要家、2004年に500kW以上の高圧需要家が、自由化対象に組み入れられた。部分自由化開始以降、電気料金は着実に低下し、1995年度から2005年度のあいだに、約18％下落した。

しかし、一方で、検討課題とされていた自由化対象を小口の家庭用分野などにまで広げる電力小売の「全面自由化」は、2008年にいったん見送られることが決まった。また、自由化分野が需要全体の約6割を占めるにもかかわらず、肝心の電気事業者間の地域を越えた競争は、東日本大震災までの時期には、わずか1件しか起こらなかった。これらの事実をふまえれば、日本における電力自由化は道半ばにして頓挫したと言わざるをえない状況であった。その状況を大きく変えたのは、2011

第Ⅱ部　福島第一原発事故後の電力改革・原子力改革への応用経営史の適用

年3月に発生した、東日本大震災にともなう東京電力・福島第一原子力発電所の事故にほかならない。130年余りの歴史のなかで、電気事業が国家管理下におかれたのは第2次世界大戦前後の約12年間だけであり、基本的には民営形態で営まれてきた点に、日本の電力業の特徴がある。つまり、民有民営の電力会社が企業努力を重ねて、「安い電気を安全かつ安定的に供給する」という公益的課題を達成する、民間活力重視型の「民営公益事業」方式を採用してきたわけであるが、福島第一原発の事故は、肝心の電気事業における民間活力が十分に機能していないことを、多くの国民に印象づけた。その結果、電気事業のあり方の改革を求める声が高まり、懸案の小売全面自由化を含む抜本的な電力システム改革が実施されることになったのだ。

【ガス改革にも波及】

2015年に始まった本格的な電力システム改革は、

(1) 家庭用などの電気の小口消費者が電力会社を自由に選択できるようにする、
(2) 卸電力市場の活用を通じて電力需給の安定を図るとともに、送配電制度の透明性を高める、
(3) 電力会社の送配電部門の中立化を徹底する、

などの目的をもっている。これらを達成するためにシステム改革は、3段階に分けて遂行される。2015年4月に実行に移された第1段階では、電力広域的運営推進機関が設立された。これは、(2)の目的を実現するための施策である。

220

第7章　今後の展望

ただし、この段階では、電気料金規制は撤廃されず、経過措置として残存する。
2020年を目途とする第3段階では、電力会社の送配電部門の法的分離が行われる。(3)の目的の達成をめざすこの発送電分離の施行に合わせて、経過措置として残っている電気料金規制は撤廃される予定である。

第3段階の発送電分離を決めたのは、2015年6月に成立した改正電気事業法である。その際、同時にガス事業法も改正され、都市ガス事業でも、2017年を目途に小売の全面自由化、2022年を目途に大手3社（東京ガス・大阪ガス・東邦ガス）の導管部門の法的分離が、それぞれ実施されることになった。電力システム改革は、ガスシステム改革にまで波及し、2016〜17年の電力・ガス小売全面自由化を機に、日本のエネルギー業界は、新たな「大競争時代」を迎えることになる。

【広域機関の動向に期待】

電力システム改革の第1段階として、2015年4月、電力広域的運営推進機関が発足した。同機関の主要な業務は、

○　需給計画・系統計画を取りまとめ、周波数変換設備、地域間連系線等のインフラの増強や区域（エリア）を超えた全国大での系統運用等を図る、

○　平常時において、各区域（エリア）の送配電事業者による需給バランス・周波数調整に関し、

221

第Ⅱ部　福島第一原発事故後の電力改革・原子力改革への応用経営史の適用

広域的な運用の調整を行う、

○ 災害等による需給ひっ迫時において、電源の焚き増しや電力融通を指示することで、需給調整を行う、

○ 中立的に新規電源の接続の受付や系統情報の公開に係る業務を行う、

ことなどである。

電力広域的調整機関が必要となったのは、東日本大震災時に既存の電力会社中心の広域系統運用システムが十分に機能せず、結果的に計画停電などの事態を引き起こしたからだ。また、再生可能エネルギー電源の増大にともない電力系統の広域的調整へのニーズが高まっている、電力自由化により活発となる競争の公正化を図るため系統運用の中立性を確保する必要がある、などの諸事情も、広域的調整機関設立の要因となった。

2014年、九州電力・北海道電力・東北電力・四国電力・沖縄電力の電力各社が、メガソーラー発電の出願急増による系統運用の混乱を回避するため、FIT（固定価格買取制度）にもとづく再生可能エネルギー発電設備の接続申し込みに対する回答を保留し、大きな社会問題となった。最初に保留問題が表面化した地域は九州であったが、もし、九州と本州とを結ぶ関門の連系送電線が大幅に拡充され、九州のメガソーラー発電による電気を中国地方や関西地方に送ることができるようになれば、この問題はある程度解消する。この点は、他地域においても、あるいは風力発電についても、同様である。このような地域間連系の拡充に関しても、電力広域的運営推進機関は、リーダーシップを

222

第7章　今後の展望

【業種や地域超え競争】

2016年4月に、電力システム改革の第2段階として、電力小売の全面自由化が実施される。既述のとおり、2000年から電力小売の自由化の範囲は徐々に拡大されてきたが、ついに2016年4月以降、自由化部門の電力量が100％になるわけだ。「全面自由化」という表現を使うのは、このためである。

1951年の電気事業再編成以来、日本の電力業は、「9電力体制」（1988年の沖縄電力の民営化以降は「10電力体制」）のもとで営まれてきた。9（10）電力体制は、①民有民営、②発送配電一貫経営、③地域別9（10）分割、④独占、という四つの特徴をもつが、2016年の電力小売全面自由化によって、③と④は終結することになる。小売全面自由化は、わが国の電気事業のあり方を大きく変えるインパクトをもつ。

地域別分割と市場独占を完全に廃止する全面自由化後の日本の電力市場では、これまで大口の自由

発揮することができる。広域的運営推進機関に対する期待は、系統運用の中立性の確保という理由だけでなく、再生可能エネルギー電源の拡充という観点からも高まっている。

電力広域的運営推進機関が力を発揮するためには、各エリアの送配電会社とのあいだで、役割や責任をどのように分担するかなど、解決すべき課題も残っている。今後の推進機関の動向から、目が離せない。

223

化部門で事業を展開してきたPPS（Power Producer and Supplier）と呼ばれる新電力会社が、新たに自由化される小口の家庭用などの分野にも進出する。小口市場の開放を機に、異業種から参入も相次ぎ、PPSの事業者数は増加し、事業活動も活発化することだろう。

一方、それ以上に注目されるのが、既存電力会社の他地域への進出である。とくに、電力需要が集中する首都圏エリアへ向けては、これまで営業基盤としてきた東京電力の弱体化もあって、中部電力・関西電力・九州電力など多くの電力会社が進出する準備を進めている。これに対抗して、東京電力は、東海圏や近畿圏への逆進出を図る動きを見せている。これらの既存電力会社による他地域への進出は、すでに小口販売ノウハウを身につけている事業者の市場参入である点から、電力小売全面自由化後の競争の本命となる可能性がある。

さらに、忘れてはならないのは、電力小売全面自由化を受けて、2017年にはガス小売全面自由化が実施されることだ。それを機に、これまで大口市場に限定した形で行われてきた電力会社とガス会社との競争が、小口市場まで含めて全面化することになる。このように、電力小売全面自由化の影響は、きわめて大きいのである。

【発送電分離に光と影】

2020年には、電力システム改革の第3段階として、法的分離による発送電分離が実施される。

戦後の日本で続いてきた9（10）電力体制は、電力小売全面自由化によって地域別9（10）分割と独

224

第7章　今後の展望

占が終結するのに続いて、発送電分離によって発送配電一貫経営が廃止されることによって、事実上の終焉を迎える。

発送電分離には、メリットとデメリットがある。

第1のメリットは、電力業界の競争をいっそう活発化することである。2000年以来の電力部分自由化の進展によって、大口需要を対象とする自由化部門では地域を超えた電力会社間の競争が可能になったにもかかわらず、東日本大震災までの時期にそのような競争は、九州電力が中国電力管内のイオン宇品店（広島市）に電力供給した1例しか、実際には生じなかった。このような状況を打破するうえで、小売全面自由化に続く発送電分離は、大きなインパクトを与えることになるだろう。

第2のメリットは、再生可能エネルギー電源の拡充を促進することである。東京電力・福島第一原子力発電所事故後の日本では、原発依存型のエネルギー政策は根本的に見直され、再生可能エネルギー利用発電のウエートが拡大してゆく。送電部門の中立性を徹底する発送電分離が、太陽光、風力などの再生可能エネルギー電源の拡充に資することは、間違いない。

一方で、発送電分離には、デメリットもある。

第1のデメリットは、高い系統運用能力という日本電力業の持つ宝に傷をつけるおそれがあることだ。電気を取り扱うには、貯めることができないため停電が起きやすいという、特有の難しさがともなう。わが国の電気事業の最も優れた要素は、停電を回避する系統運用能力の高さである。そして、それは、発送配電一貫の垂直統合体制の下で培われてきた。そのため、発送電分離が高い系統運用能

力という日本電力業の宝に傷をつけることにならないか、と心配されるのだ。発送電分離の第2のデメリットは、発電設備・送電設備・配電設備間のバランスのとれた投資を行いにくくすることである。とくに、小売全面自由化と発送電分離が実施されたのちに、初期投資が膨大でその回収に時間がかかる発電設備の建設が適切に行われるかについては、大きな懸念を禁じえない。

2020年に迫った発送電分離については、その光と影の両面に注目する必要がある。

【料金下がらぬ可能性も】

2016年の電力小売全面自由化および2020年の発送電分離によって、小口契約者を含む電力需要家が自由に電力会社を選択できるようになることは、間違いない。この点は、電力システム改革の大きな成果だと評価できる。

一方で、小売全面自由化と発送電分離によって電力料金が低下するかについては、残念ながら、必ずしもそうなるとは限らないと言わざるをえない。自由化とは市場に任せることであり、市場では需給関係によって価格が決まるからだ。現時点で電力は、どちらかといえば供給過剰ではなく供給不足の状態にあり、このままでは全面自由化後、電力価格が上昇に向かうおそれを否定することはできない。

たしかに全面自由化直後には、競争の激化にともない、電力料金は低落するだろう。しかし、その

第7章　今後の展望

後、中長期的には料金のゆるやかな上昇が生じる可能性は高い。電力自由化で先行した諸外国の事例でも、そのような現象は、しばしば観察されてきた。

2015年7月、政府は、2030年のエネルギー需給構造の新たな見通しを策定し、そのなかで、「電力コストを現状よりも引き下げることを目指す」方針を打ち出した。その際、経済産業省は、電力コスト引下げを実現するためには、発電用の燃料費の削減と、FIT（固定価格買取制度）による再生可能エネルギー電源関連の買取費用の抑制、との2点が焦点になると説明した。

つまり、経済産業省は、2030年に向けた電力コストの引下げに関して、電力システム改革による料金引き下げ効果を織り込まなかったことになる。電力自由化が必ずしも料金低下をもたらすとは言い切れないのが、実情なのである。

【発電投資の活性化必要】

電力システム改革によって必ずしも電力料金が低下するわけではないのは、小売全面自由化と発送電分離によって、発電設備を新増設するための投資が抑制されるおそれがあるからだ。投資抑制が起これば、電力需給はひっ迫し、料金値上げ圧力が生じる。

じつは、2008年に検討課題とされていた電力小売の全面自由化がいったん見送られた際にも、発電投資への否定的な影響が最大の理由とされた。当時は、地球温暖化対策の観点から原子力発電の増強に期待する風潮が強く、全面自由化が原発新増設にとって足枷になるとみなされたのである。

227

第Ⅱ部　福島第一原発事故後の電力改革・原子力改革への応用経営史の適用

　2011年の東京電力・福島第一原子力発電所事故を契機に原子力発電をめぐる状況は一変したが、電力自由化が発電投資を抑制するおそれがあるという状況自体には、変化がない。したがって、電力システム改革を進めるにあたっては電源をいかに確保するかが重要になるわけだが、この点での政府の施策は不十分である。

　2015年7月、2030年の電力需給見通しを新たに策定した際に政府は、原発のリプレース（既存立地での旧炉の廃止と新炉の建設）を想定から除外する方針をとり、既存炉の運転期間延長だけに注力する方針を打ち出した。また、再生可能エネルギー電源の比率については、国民が期待した水準よりも低い22〜24％という見通しを示し、盛り上がりつつあった地熱発電・太陽光発電・風力発電の新増設の動きに水をかける形になった。さらに、火力発電のなかで最大のウェートを占めるLNG（液化天然ガス）火力の新増設についても、原発比率を押し下げることを危惧して、消極的な見通しを設定した。

　発電投資を活性化する施策が講じられなければ、電力システム改革は十分な成果をあげることができない。そのためには、原発のリプレースも真剣に検討するべきである。それは、原発を使う場合に厳守しなければならない「危険性の最小化」という原則からみても、必須の条件だと言える。また、2030年における再生可能エネルギー電源の比率は、30％程度まで拡大すべきである。決まったばかりの電力需給見通し（電源ミックス）ではあるが、早期に見直す必要があると言わざるをえない。

228

第7章　今後の展望

【海外も成否分かれる】

電力小売全面自由化や発送電分離に関しては、海外に少なくない先行事例がある。それらが伝える教訓は、どのようなものだろうか。

一言で表現すれば、海外の先行事例の教訓は区々あって、一概には言えないということになる。成功事例もあれば、失敗事例もあるのだ。

また、そもそも、電力小売全面自由化を実施しているところとしていないところが並存する。例えばアメリカでは、2014年時点で全50州のうち、全面自由化実施が13州とコロンビア特別区、部分自由化実施が6州、自由化中断・廃止が5州、非自由化州が26州と、分かれるのだ（大西健一「欧米諸国における小売電力市場の活性化策」『海外電力』2015年1月号、による）。

一方、ヨーロッパでは、2003年のEU（欧州連合）電力指令の改正により、法的分離方式による発送電分離と2007年7月までの電力小売全面自由化が義務づけられた。ただし、ここでも、家庭用小売市場の競争活発化は、大きく進展しているイギリスと、それほど進展しないドイツやフランスとに分かれる。

ここで注目したいのは、電力システム改革が成果をあげている国・地域では、長い歴史の積み重ねがある点である。イギリスでは、1926年の電力供給法によって、発送電と配電とを分離する、いわゆる「グリッド・システム[注29]」が導入された。アメリカのなかで電力自由化の成功事例と言われる北東部のペンシルヴァニア州とニュージャージ州では、1927年に電力会社3社が世界初の広域電力

229

プール（発生電力の卸電力市場への集約）を形成した。それ以来のさまざまな経験や試行錯誤を通じて、イギリスやアメリカ北東部では電力システムが練磨され、今日の成果へと結びついたわけである。

これとは対照的に、1998年から2001年にかけて電力小売全面自由化を実施したアメリカのカリフォルニア州では、2000年から2001年にかけて停電が頻発し、電気料金が急騰して、結局、自由化が頓挫することになった。このカリフォルニア電力危機の原因は、準備不足による制度設計のミスにあったと言われている。

これから電力小売全面自由化と発送電分離へ向かう日本においても、拙速を避け、行き届いた制度設計を行うことが重要だろう。

【経営革新の大きな機会】

電力システム改革の展望を締めくくるにあたって強調しておきたい点は、電力自由化が、既存の電気事業者にとって、むしろ経営革新の大きなチャンスになることである。

「民営公益事業」方式を採用してきたわが国の電力業において、電気事業者が民間活力を発揮することは、決定的な重要性をもつ。ところが、1970年代の石油危機をきっかけにして、9（10）電力会社は、電気の安定的な供給のみに経営努力を集中するようになり、電気の低廉な供給にはあまり関心を示さなくなった。コストに一定比率の利益が確実に上乗せされる総括原価方式にあぐらをかいて、民間活力を後退させたのである。

第7章　今後の展望

　2011年の東京電力・福島第一原子力発電所事故は、電気事業における民間活力が十分に機能していないことを、白日のもとにさらした。事故の反省から実施されることになった電力システム改革を通じて、電気事業者は民間活力を復活させなければならない。

　小売全面自由化と発送電分離を通じて競争が本格化することは、電力の需要家にとって有益であるばかりではない。長い目でみれば、電力会社にとっても、競争はプラスに作用する。市場や地域を越えた競争に直面し、電力各社が個性を発揮して切磋琢磨するようになれば、新規参入者の登場や地域を越えた競争に直面し、電力各社が個性を発揮して切磋琢磨するようになれば、新規参入者の登場で、本来の力を発揮するためには、現状では、競争の活発化が大きな意味をもつのである。

　しかも、今回の電力システム改革はガスシステム改革と連動しているため、エネルギーをめぐる競争の本格化は、電力市場だけでなく、ガス市場でも生じる。これまで大口需要家に対してだけに限られていた電力会社のガス販売や、ガス会社の電力販売は、小口需要家にまで対象を広げて、さらに勢いを増すことだろう。2014年10月、東京ガスの広瀬道明社長は、「2020年までに首都圏の電力需要の1割を獲得する」と表明した。

　そこに、石油会社や通信企業などの異業種企業も、競争に加わる。電力システム改革は、総合エネルギー産業において、電力、ガス、石油という業界の壁は、打破されてゆく。電力システム改革は、総合エネルギー企業をめざす熾烈なレースの開始を告げる号砲となるのである。

231

【注】

29 グリッドはもともと格子などをさす英語であるが、やがて、電力の世界では送電網を意味する言葉として、広く使われるようになった。

おわりに：応用経営史をめぐる諸論点

本書では、応用経営史の手法について、その内容と方法について説明するとともに、それを現実の社会的テーマに適用した事例について紹介してきた。現実のテーマとして取り上げたのは、2011年3月の東京電力・福島第一原子力発電所事故を契機に大きな社会的課題として浮上した電力改革・原子力改革であった。

本書を締めくくるにあたり、応用経営史の手法を適用した筆者の著作に寄せられた疑問に答えることにしよう。取り上げるのは、応用経営史の手法を適用した筆者の著作に関する二つの書評である。

一つは、『経営史学』第49巻第2号（2014年9月）に掲載された米山高生による拙著『歴史学者　経営の難問を解く』（日本経済新聞出版社、2012年、文献（79））に関する書評である。この書評において米山は、「本書において、応用経営史の手法が具体的に示された意義は大きい。しかしそれは筆者の個人的な資質によって達成されたものである。応用経営史を標榜するからには、誰でも利用できるような共通な概念装置や枠組みが必要ではあるまいか」（74頁）、と書いている。たしかに応用経営史を適用するには、何らかの「個人的資質」が求められるのかもしれないが、それは、けっ

おわりに：応用経営史をめぐる諸論点

して特定の個人に限定されるものではない。検討対象の長期間にわたる変遷を濃密に観察し、それに準拠して問題解決に必要なエネルギーやそれへの道筋を見出すことができる者ならば、誰でも、応用経営史を使いこなすことができる。現実に、日本全国には、応用経営史の手法にのっとって、特定の産業や企業の進路、地域経済再生の道筋などについて、積極的に発言している経営史家が、多数存在する。要は、この本で整理した、①歴史的文脈の解明、②問題の本質の特定、③問題解決の原動力となる発展のダイナミズムの発見、④問題解決の道筋の具体的提示、という作業手順をきちんと踏めばよいだけのことである。上記の文章に続けて米山は、シュンペーターやチャンドラーらの「研究成果を活用して、応用経営史の手法を制度化することができるのではなかろうか」（74頁）とも述べている。ただし、既存の古典的学説に即する形で過度の制度化を図ることは、何よりも個々のケースの「歴史的文脈」を重視する応用経営史にとって、その特徴を損ねることになるのではないかと危惧する。

もう一つは、『歴史と経済』第227号（2015年4月）に掲載された武田晴人による拙著『日本石油産業の競争力構築』（名古屋大学出版会、2012年）に関する書評である。この書評において武田は、(1)制約条件の違い、(2)企業の多角化による事業領域の拡大、の2点を根拠にして、応用経営史で言う「応用」の限界性を指摘している（64頁）。そして、(2)の点に関連して、企業を対象とする「応用経営史」とは別に、産業を対象とする「応用産業史」を考案すべきではないかと提言している。これらの武田の指摘に対しては、とりたてて異論はない。ただし、それらはいずれも、すで

234

おわりに：応用経営史をめぐる諸論点

に織り込み済みの論点であることも見落とさないでいただきたい。応用経営史の②（問題の本質の特定）や④（問題解決の道筋の具体的提示）の作業では、制約条件への目配りが大きなポイントの一つとなる。武田が重視する国内資源の存在の有無は、eni がナショナル・フラッグ・オイル・カンパニーとなり、出光興産がそうならなかったという異なる結果をもたらした、決定的な制約条件ではない。決定的な意味をもった制約条件の違いは、eni は享受することができたが出光興産はそうではなかったという政府支援のあり方とに、求めるべきである。制約条件を度外視することではなく、制約条件を正確に把握することが、応用経営史の肝なのである。また、武田のように、応用経営史を、企業を対象とするものというように、狭くとらえることはしない。ただし、本書の第2章の冒頭で示したように、応用経営史は、企業の多角化の意味も、応用経営史は十二分に理解している。ただし、武田のように、応用経営史を、企業を対象とするものというように、狭くとらえることはしない。ただし、本書の第2章の冒頭で示したように、応用経営史は、企業の多角化の意味も、応用経営史研究を通じて産業発展や企業発展のダイナミズムを析出し、それをふまえて、当該産業や当該企業が直面する今日的問題の解決策を展望する手法」と広く把握するのであるから、応用経営史の対象には、企業も産業も含まれる。「応用経営史」とは別に、あえて「応用産業史」を設定する必要はないのである。

[注]

30　この点について詳しくは、橘川武郎『日本石油産業の競争力構築』（名古屋大学出版会、2012年）第9章参照。

付録　日本における経営史学の50年：回顧と展望

1　はじめに

日本の経営史学会は、高度経済成長のさなか、東京オリンピックで日本中が沸いた1964年に設立された。本稿は、経営史学会の50年の歩みを踏まえ、経営史学の研究成果と今後の課題を明らかにしようとするものである。

筆者（橘川）は、経営史学会が創立50周年を迎える2014年の時点で同学会の会長をつとめる者であるが、本稿は、会長としての公式見解ではなく、あくまで筆者の個人的見解にとどまることを、あらかじめ特記しておく。また、限られた紙幅で研究成果を網羅的に紹介することは不可能であるため、本稿では、経営史学にかかわる研究業績についても研究者についても、具体名に言及できるのはごく限られた範囲にとどまることを明記しておく。

236

2　経営史学の独自性

【経営史学とは何か】

　経営史学の研究成果と今後の課題を明らかにするためには、まず、経営史学とは何かを明確にする必要がある。経営史学とは、歴史的手法を用いて組織経営の変遷を実証的に解析する学問である。研究対象とする組織には、企業だけでなくNPO（非営利組織）やNGO（非政府組織）、政府機関なども含まれるが、中心を占めるのが企業であることは間違いない。

　換言すれば、経営史学は、経営学と歴史学が結合したものだと言える。経営史学の独自性を説明するためには、隣接学問との比較を行うことが有効である。ここでは、まず、経営学と経済学を比較し、そのうえで経営史学と経営学を比較することにしよう。

【経営学と経済学】

　企業経営の世界では、経営者や企業の個性や主体性が大きな意味をもつ。そもそも、経営学が経済学とは別に成立することになったのも、これらの個性や主体性を重視したからだと言っても過言ではない。

　純粋な経済学においては、企業は数学の点のように扱われ、その個性や行動の主体的側面は消去さ

付録　日本における経営史学の 50 年：回顧と展望

れる。特定の環境のもとでは、すべての企業が、なんらかの経済合理性にもとづいて、一様に行動すると想定されるのである。企業の個性などをいちいち気にしていては、抽象的なモデルを組み、高度な経済理論を展開することは、不可能になるであろう。

しかし、現実には企業は、あたかも生き物のように個性をもち、主体的に行動している。企業が誕生、生存し、成長するためにはビジネスチャンスがなくてはならないが、そのチャンスを活かすことができるのは、限られた企業だけである。占領期に１００社以上乱立したオートバイメーカーのうち、今日生き残っているのはホンダ、ヤマハなど数社だけであるし、トランジスタを武器に世界に打って出たのは、その量産化で先行した神戸工業（のちのソニー）の方であった。用途開発（トランジスタラジオの商品化）で成果をあげた東京通信工業（のちのソニー）の方であった。すぐれた個性を持ち、的確に行動する企業のみが、ビジネスチャンスを活かして発展することができるのである。

企業研究を進めるにあたって、経済学は共通性と客観性に力点を置くのに対して、経営学は個性と主体性を重視すると言うことができる。この両者間の相違は、経済史学と経営史学の立場の違いにも反映される。経済史学は、歴史的事象をどちらかと言うと結果から評価し、その客観的意味を確定することに力を注ぐ。これに対して、経営史学の基本的なスタンスは、プロセスを重視し、特定の出来事について、事後的（ex post）ではなく、事前的（ex ante）な視点から分析することにある。

238

付録　日本における経営史学の50年：回顧と展望

【経営史学と経営学】

特定の事象を分析する際にプロセスを重視するという点では、経営学と経営史学とのあいだに違いはない。研究方法の面で、経営学と経営史学はどこが同じで、どこが異なるのだろうか。

このような問いが生じるのは、ある意味では、当然のことである。なぜなら、沼上幹が提起した「行為の経営学」の分析方法は、次の2点で経営史学の手法と共通性をもつからである。

第1の共通性は、事例研究の有効性を主張する点である。

沼上［１９９９］は、この点を次のように論じている。事例研究に対しては、自然科学的な方法論を念頭におく立場から、①内的妥当性（その説明モデルが本当に妥当であるか）、②構成概念妥当性（概念とデータが一致しているか）、③信頼性・追試の可能性（同じ知見を何度でも観察可能か）、④外的妥当性（他の標本でも同じ知見を観察できるか）、という四つの規準に関して問題があるとの批判がある。事例研究は、これらのうち①と②の規準については責任をもたなければならないが、③や④の規準については要求される筋合いではない。なぜなら、③と④の規準は、「社会において『不変のカヴァー法則』が支配的であるという仮定が成立していなければ社会研究に要求できるものではない」（23頁）からである。以上のような議論をふまえて、沼上［１９９９］では、「社会研究が目指すべきところは、（中略）一般に利用可能な『便利』なパターンの発見ではなく、その背後に存在する行為システムの了解である」との立場を鮮明に打ち出し、「技術革新に関連する多様な活動を行為システムの歴史的な展開を記述しながら明らかにするという場合には、単一事例の事例研究以外に

239

付録　日本における経営史学の50年：回顧と展望

は、他に利用可能な研究手段は存在しない」（23－24頁）と宣言している。経営史学の手法も、「不変のカヴァー法則」の存在を仮定し、それをあらゆる問題に「適用」しようとする安易な演繹的方法に対して、距離をおくことから出発する。経営史学が歴史的文脈（コンテクスト）を強調するのは、個々の事例の背後にある「行為システム」の固有の展開に注目しているからにほかならない。

第2の共通性は、時間的展開を視野に入れる点、換言すれば、時系列に即した分析を行う点である。沼上［1999］がこの点を重視していることは、「多様な活動を行為システムの歴史的な展開を記述しながら明らかにする」という方法をとっていることから、明らかである。一方、応用経営史の手法も、あくまで経営史学のディシプリンにもとづくものである以上、時系列に即した分析を第一義的に追求することは、言わずもがなのことである。

沼上が提唱した「行為の経営学」に対して、経営史学はいかなるアイデンティティを主張しうるのだろうか。この点に関しては、相対的な時間展開と絶対的な時間展開を接合すること、つまり、時系列に即した分析を行うだけでなく絶対年代を考慮にも取り組むことが、重要な意味をもつ。絶対年代を考慮に入れた検討とは、例えば、2010年代であるからこうすべきであるとか、1930年代であったのだからこうすべきであったなどというように、さまざまな事象に対して、時代背景を織り込んだ評価を加えることである。

絶対年代を考慮に入れた検討を行うためには、その前提として、きちんとした時代認識、別言すれ

240

付録　日本における経営史学の50年：回顧と展望

ば、的確な歴史観をもつことが求められる。的確な歴史観をもつことができれば、大局観を有することができる。的確な歴史観と大局観の提示こそ、経営史学のレーゾンデートルを基礎づける本質的な要件であると言うことができる。

3　経営史の研究成果

【経営史学的手法による主要な研究成果】

日本の経営史学会は、50年の歩みのなかで、数々の貴重な研究成果を積み上げてきた。そのすべてについて言及することは到底不可能であるため、本稿では、経営史学の手法を活かした特筆すべき研究成果のいくつかを紹介することにとどめたい。

以下で取り上げるのは、

(1) 日本の財閥史に関する研究、
(2) 競争力構築のメカニズムに注目する産業史研究、
(3) 中小企業の経営行動に関する研究、
(4) 国際経営史にかかわる研究、
(5) 企業家の役割をめぐる研究、

の五つの分野である。これらの分野ではいずれも、経営史学固有の研究手法が活用されてきたと言う

241

付録　日本における経営史学の50年：回顧と展望

ことができる。

経営史学会第50回全国大会の統一論題「New Horizons in Business History：経営史学の新たな地平を求めて」における問題提起で川邉信雄は、「三つの産業革命のなかでビジネス・システムがなぜ、どのように変化してきたのか、それぞれの特徴を明らかにすると同時に、新たなビジネス・システムの意味を問うために、経営史研究において何が新たに求められているのかを検討す」べきだと、問題提起している（Kawabe [2014]）。上記の(1)の研究分野（財閥）は、主として第1次産業革命と第2次産業革命にかかわるテーマであり、(2)（競争力）・(3)（中小企業）・(4)（国際）・(5)（企業家）は、三つの産業革命すべてに関連するテーマであるとみなすことができる。第3次産業革命の時代を取り扱う経営史学的研究においてとくに重要性を増すのは、ネットワーク構築に深く関係する(3)の分野と、グローバライゼーションの進行により必要性が高まる(4)の分野であろう。

【財閥の特徴の析出】

財閥に関する分析は、日本の経営史研究がとくに大きな成果をあげてきた分野である。財閥とは、山崎広明によれば、「中心的産業の複数部門における寡占企業を傘下に有する、家族を頂点とした多角的事業形態」のことである。財閥それ自体は世界各国でみられる経営体であるが、日本の経営史学研究は、自国の財閥について、固有の特徴を解明する点で成果をあげてきた[注1]。その特徴としては、次の3点を指摘することができる。

242

付録　日本における経営史学の50年：回顧と展望

第1は、近代的な経営体へ脱皮する改革を経て、日本の財閥が形成されたことである。時の権力者と密着して特権的に収益をあげる政商にとどまっている限り、三井（実質的な開業は1673年）や三菱（実質的な開業は1873年）も、長期にわたって成長し続けることは不可能であった。1881年の政変により政府による支援の海運会社・三菱の危機、政治家向けを含む不良貸出の増加で生じた1890年代初頭の三井銀行の経営難などは、政商路線の限界を端的に示すものであった。この危機を、三菱は、2代目当主、岩崎弥之助の経営多角化戦略（海運業からの撤退と造船業・銀行業・鉱山業・倉庫業・不動産業への進出）で乗り切った。また、三井銀行も、1891年に同行理事に着任した中上川彦次郎が推進した一連の改革（不良貸出の整理、投融資等による諸工業の育成、専門経営者の大量採用など）で、経営難から脱却した。三井や、三菱は、これらの改革を通じて、古い体質の政商から近代的な経営体へと脱皮し、長期的な成長軌道に乗ったのである。

第2は、日本の財閥が、「強烈な工業化志向」（森川［1980］：299）を示し、「綿紡績業や電力業、およびそれらの関連産業などの少数事例を除けば、多くの産業において、リーダー（＝リスク・テイカー）としての役割をはたした」（橘川［1996］：230）ことである。ビジネス・チャンスが拡大した第1次世界大戦前後の時期に、各財閥は、持株会社の設立、直系会社の株式会社化、傍系会社網の形成などによって、コンツェルン化をはたした。このコンツェルン化運動は、①「金融財閥」と呼ばれた安田と野村は、多角化に対して消極的な姿勢をとった、②1908年までにすでに「総合財閥」と呼ばれるほどの多角化をとげていた三井・三菱・住友は、残された主要産業である重化学

注2

243

付録　日本における経営史学の50年：回顧と展望

工業へ進出した、③それまで特定の産業分野に主たる事業基盤を置いてきた、いわゆる「鉱業財閥」の古河・久原、「製造業財閥」の浅野・川崎＝松方、「流通財閥」の大倉・鈴木は、きわめて積極的に多角化を推進して、一応、総合コンツェルンの形態を整えた、などを主要な内容とするものであった。このうち、③のパターンの多角化は、1920年の反動恐慌以降の景気後退局面で、多くの場合失敗に終わったが、それでも、コンツェルン化した日本の財閥が「強烈な工業化志向」を有していた事実自体は、否定できないであろう。

第3は、日本では、財閥系企業の方が、非財閥系企業に比べて、オーナー経営者ではない専門経営者(salaried manager：雇われ経営者)の進出が著しかったことである。三井の場合、中上川彦次郎自身が慶応義塾出身の専門経営者であったが、彼は、慶應義塾出身者を多数、三井家の事業に呼び寄せた。三井に集まった慶應出身者たちは、第2次世界大戦以前の日本を代表する専門経営者となった。同様の事態は三菱の場合にもみられたが、そこでは、オーナー経営者である岩崎弥太郎が専門経営者の採用に積極的な姿勢をとった点に、特徴があった。

財閥系企業において専門経営者の進出が相対的に顕著だったのは、「日本の財閥では、家族・同族と本社との関係と、本社と直系事業会社との関係において、所有に対する封じ込めが二重に作用していた」(橘川[1996]：231)からである。家族・同族と本社との関係において、所有が封じ込まれるうえで大きな意味をもったのは、日本の財閥における家族・同族の所有が総有制のもとにおかれたという現実である。総有制は、「家産の分割を認めず、同族各家からみれば私的な所有としての

244

付録　日本における経営史の50年：回顧と展望

本来の性格である処分の自由を容認しない」ものだったので、所有を制約する機能をはたした。また、財閥本社と直系事業会社との関係においては、前者が後者の安定株主としての役割を担った。財閥系企業を中心に専門経営会社が進出したことを反映して、日本の大企業全体（非財閥系企業も含む）の取締役会に占める専門経営者のウェイトは、1930年までに着実に増大した。

一連の経営史研究を通じて、日本の財閥には、(1) 権力と結びついた政商から脱皮し経営の近代化・合理化を断行した、(2) 工業化を強く志向し多くの産業でビジネス・リーダーとなった、(3) salaried managers を積極的に採用・登用した、などの特徴がみられたことが明らかになった。中でも注目されるのは、ファミリービジネスとしての性格をもつ日本の財閥が実は salaried managers の登用に熱心であったという(3)の点である。財閥内で活躍の場を与えられた salaried managers は、(1)の経営近代化や(2)の工業化の中心的な担い手となった。ここで紹介した日本の財閥に関する事実発見は、後発国の工業化にとって有用なインプリケーションを提供しており、日本の経営史研究が実現した重要な国際貢献と評価することができる。

【産業史研究と競争力構築メカニズムの解明】

世界的に見て、国際競争力の源泉を解明することは、経営史学研究の重要課題となっている。日本の経営史学研究は、産業史研究を深化させて、その産業を構成する主要企業の競争力構築のメカニズムに迫るという、ユニークな研究方法を発展させてきた。この方法は、国際競争力の源泉の解明にも

付録　日本における経営史学の50年：回顧と展望

応用することができる。

国際競争力をめぐる分析が直面する第1の困難は、経済学の分野でさかんに行われている労働生産性やTFP（Total Factor Productivity：全要素生産性）にもとづく分析をいくら進めても、それだけでは、国際競争力の源泉が何であるかを解明できないことである。誤解をおそれず直言すれば、労働生産性上昇率やTFP上昇率は国際競争力の変動の「結果」を示すものであり、その「原因」を示すものではないのである。

D・リカード (Ricard) 以来、経済学の主流は、労働生産性を産業の国際競争力を決定づける中心的な要因と位置づけてきた。そして、複数の国の国際競争力が拮抗する産業において、どの国が労働生産性を相対的に上昇させ、競争優位を確保するかという問題に大きな関心を寄せてきた。しかし、労働生産性上昇率の推移を見ても、国際競争力の変動が何によってもたらされたかを知ることはできない。

同様の問題点は、労働生産性にもとづく分析についてのみならず、TFPにもとづく分析についても指摘できる。TFPとは、「生産全体の伸びから労働投入量と資本ストックの伸びの寄与を除いた残差で、生産構造の効率性全体を表す指標」（通商産業省）のことである。TFPの上昇は、長期的には技術の進歩や生産組織の効率化、短期的には設備の稼働率上昇や労働者の技能水準向上を反映するから、経済学の分野では最近、TFPが、労働生産性の分析基準として使用されることが多い。しかし、複数の国・地域間のTFP水準の産業別格差は、それぞれの国・地域の

246

競争優位が何によってもたらされたかを明らかにするものではない。要するに、労働生産性やTFPにもとづく分析をいくら進めても、それだけでは、国際競争力の源泉は何であるかを明らかにすることはできない。国際競争力の源泉はブラックボックスのなかに取り残されたままなのであり、ブラックボックスの内部に光を当てる、新しいアプローチによる国際競争力の分析に取り組むことが求められている。

国際競争力をめぐる分析が直面する第2の困難は、国際競争力が異なる三つのレベルで論じられているため、混乱が生じていることである。三つのレベルとは、国のレベル、産業のレベル、および企業のレベルをさす。

国際競争力の直接的な担い手は企業であるが、ここに、一つの大きな問題がある。それは、国際競争力を論じる際に、いきなり企業レベルで論点を設定することは難しいという問題である。なぜなら、国際競争力をもつ企業の多くは、事業を多角化しているからである。分析対象が多角化した企業である場合には、複数の部門における事業活動、つまり、複数の市場における競争行動を、十把一絡げに取り扱ってしまう危険性が高い。競争は、特定の財ないし特定のサービスに関する市場ごとに個別に展開されており、複数の市場を一括して「分析」してしまっては、競争の実相に迫ることができない。国際競争力の担い手が企業であるにもかかわらず、国際競争力に関する議論をすぐに企業レベルでは開始できない理由は、ここにある。

国際競争力に関する論点を設定しにくいという点では、国の競争力についても、同様のことが言え

付録　日本における経営史の50年：回顧と展望

る。なぜなら、国の国際競争力を判定する客観的な基準や方法を設計することはきわめて困難だからである。

国際競争力に関する研究を企業レベルおよび国レベルで着手するのが困難であるとすれば、残る選択肢は、産業レベルでの着手ということになる。産業レベルで国際競争力を論じる際には、競争が実際にどこで行われるかが重大な意味をもつ。例えば、「××国（ないし地域）市場をめぐる○○産業の国際競争」、「△△セグメントをめぐる○○産業の国際競争」などのように、国際競争が実際に展開される市場を特定したうえで論じることが必要になるのである。

ここまで述べてきたような事情を考慮すれば、国際競争力に関する研究は、ひとまず、特定市場における特定産業の国際競争の実態を把握することから出発すべきだと言える。それをふまえて、次のステップとして、そのような競争の実態を生み出すことになった当該産業における企業活動について、光を当てるべきである。国際競争力の担い手である企業の活動を分析することを通じて国際競争力の源泉を解明するという、国際競争力研究の最終目標に到達するためには、このようなやや迂回的な手順をふむことが求められている。

ここまで、国際競争力の分析が直面する二つの困難について論じてきた。これまでの議論をふまえて、以下では、国際競争力に関する経営史的研究の意義と方法について論述する。

二つのうちの第1の困難を克服するには、ブラックボックスのなかに取り残されたままの国際競争力の源泉について実態解明を進めるために、ブラックボックスの内部に光を当てる新しいアプローチ

248

付録　日本における経営史学の50年：回顧と展望

を採用することが求められている。この新しいアプローチこそ、国際競争力に関する経営史的研究にほかならない。

経営史学の基本的なスタンスは、プロセスを重視し、特定の事象について、事後的（ex post）ではなく、事前的（ex ante）な視点からの分析に力を入れることにある。国際競争力の源泉を解明する際にも、このスタンスは有効である。ブラックボックスの内部に光を当てるためには、適切なケースを選び出し、信頼できる史資料にもとづいて、そこでの国際競争力の長期間にわたる展開を濃密に観察、分析する経営史的アプローチが力を発揮する。結果として労働生産性上昇率やTFP上昇率に表れる国際競争力の変化がなぜ生じたのかを明らかにするためには、経営史的アプローチの採用が必要不可欠なのであり、国際競争力に関する経営史的研究の意義はこの点にあると言うことができる。

第2の困難を克服するには、ひとまず特定市場における特定産業の国際競争力の実態を把握することから出発し、次のステップとしてその競争の担い手となった企業の活動について掘り下げ、最終的にそこでの国際競争力の源泉を析出するという、迂回的な手順をふむことが求められている。その際、最終的な目標となる企業レベルでの国際競争力の源泉の析出に関しては、規模の経済性（economy of scale）と範囲の経済性（economy of scope）に着目した経営史学者、A・D・チャンドラーの有力な見解（Chandler [1990]）があり、それが、議論の一つの道しるべとなる。注5

249

【中小企業研究と産業集積研究】

　日本の経営史学研究は、大企業だけでなく、阿部［1989］などに示されるように、中小企業も重要な研究対象としてきた。近年、経営史学の世界では、中小企業研究を発展させる形で、産業集積への関心が高まりをみせている。ここで言う産業集積とは、相互に関連する多数の企業が中小企業を中心として狭い地域に集中する社会現象のことである。大企業に主たる関心をよせながら、そこで作用する市場取引を超える経済合理性（Visible Hand）の究明につとめてきた経営史学は、その関心の対象を、集積する中小企業群に拡大し、もう一つの「市場取引を超える経済合理性」の解明に取り組みつつある。

　産業集積固有の経済合理性とは何であろうか。この点に関連して、伊丹・松島・橘川編［1998］の中で伊丹敬之は、「なぜ中小企業の集積では継続性が生まれるのか」という問いを発し、それに対する答えとして、a 需要搬入企業の存在、β 分業集積群の柔軟性、の2点を指摘した。そのうえで伊丹は、とくに β の論点を深めて、柔軟性要件（技術蓄積の深さ、分業間調整費用の低さ、創業の容易さ）と分業・集積要件（分業の単位が細かい、分業の集まりの規模が大きい、企業の間に濃密な情報の流れと共有がある）を、それぞれ三つずつ列挙した。

　一方、「新しい中小企業論」の構築という問題意識からかかわった松島茂は、同書の中で、中小企業が抱える問題点を批判的に指摘する「病理解析モデル」としての「二重構造モデル」に代えて、中小企業群が活動する現場で作用する経済的メカニズムに注

250

付録　日本における経営史学の50年：回顧と展望

目する「生理解析モデル」としての「産業集積モデル」が作動するための条件は、分業をつなぐ、市場とつなぐ、新しい技術を加える、の3点であった。

ところで、伊丹・松島・橘川編［1998］の中で、伊丹が指摘した上記の a の論点を正面から取り上げたのは、高岡美佳である。高岡は、産業集積にかかわる「評判」資源（それは、技術水準や品質水準についての定評である「技術評判」と、取引行動の誠実さに関する定評である「行動評判」から成る）の重要性を指摘するとともに、集積と外部の市場とをつなぐリンケージ企業が集積・市場間の情報の非対称性によって生じる取引上の困難を除去する機能を果たすことを強調した。

ここで紹介した伊丹、松島、高岡の議論は、「産業集積モデル」にかかわる五つのキーワードを明らかにしている。分業、技術蓄積、創業、リンケージ企業、および評判が、それである。これら5者のうち、分業、技術蓄積、創業の3者は産業集積の内部で作用するメカニズムにかかわるキーワードであり、リンケージ企業、評判の2者は集積の内側と外側をつなぐメカニズムに関連するキーワードである。

産業集積研究を深化させるためには、理論分析と実証分析を結合することが求められているが、その場合、実証分析の一つの柱となるのは、歴史分析にほかならない。今後、産業集積研究をさらに深化させるために、以下の三つの作業に取り組むことが重要だと思われる。

第1は、実証分析が理論分析に投げかけた課題であるが、産業集積における技術蓄積がもつ意味を、イノベーションが生じる蓋然性と関連づけて、理論的に掘り下げる作業である。しばしば想定さ

251

れる、「集積においては技術蓄積が行われやすく、そのことがイノベーションを生みやすい」という脈絡は、はたして妥当なものであるのか。この点が、問い直されなければならない。

第2は、理論分析が実証分析に投げかけた課題であるが、繊維工業集積における評判の形成とその機能のあり方、機械金属工業集積におけるリンケージ企業の役割、産業集積全般における評判の形成とその機能などについて、実態を解明する作業である。そして、第3は、理論分析が実証分析の中のとくに歴史分析に投げかけた課題であるが、ある程度実態解明が進んだ、機械金属工業集積における分業や創業のあり方、繊維工業集積におけるリンケージ企業の役割などについて、時系列的な変化を明らかにする作業である。

経営史研究者にとって産業集積史研究は、「もう一つの『市場取引を超える経済合理性』の解明」という、きわめて大きな意義を有している。上記の今後取り組むべき三つの作業のうち、第3点が、経営史研究者が担う産業集積史研究の固有の課題であることは、言うまでもない。しかし、そのことは、出番がそこだけに限られることを意味しない。第1の作業や第2の作業に関しても、産業集積史研究がなしうる貢献は大きいのである。

【国際比較経営史から国際関係経営史へ】

日本の経営史学研究は、日本企業だけでなく、外国企業も重要な研究対象としてきた。[注7] 特筆すべきは、日本の経営史学会に所属する外国経営史研究者が、研究面での国際交流の活発化に中心的な役割

付録　日本における経営史学の50年：回顧と展望

をはたしてきたことである。

日本の経営史学会は、世界各地の経営史学会や経営史研究者との交流をとくに重視してきた。富士コンファレンスの継続的な開催や英文学会誌であるJRBH（Japan Research in Business History）の刊行、日英・日仏・日独・日伊・日韓・日タイなどの2国間経営史国際会議の開催などは、それを象徴する事柄である。2012年にはParisで開催されたヨーロッパ経営史学会（European Business History Association：EBHA）の年次大会に、日本の経営史学会が共催者として参画し、日本から80名を超す研究者が参加して発表を行うなど、大会の成功に貢献した。今後も、2014年の世界経営史会議（World Business History Conference）準備大会（Frankfurt）、2015年の世界経済史学会大会（World Economic History Conference）（京都）、2016年の世界経営史会議（World Congress of Business History）第1回大会（ノルウェー：Bergen）と、日本の経営史学会が積極的に参画、協賛する行事が目白押しである。

国際経営史研究に関して日本の経営史学会が世界へ発信した方法上の貢献としては、二つの視角をあげることができる。国際比較経営史と国際関係経営史が、それである。由井常彦や米川伸一らが提唱した国際比較経営史は、複数国の特定産業（あるいは、特定産業に従事する企業）を同時に取り上げ、それらを比較することの重要性を強調した。その際、必ずしも同一の時点において比較するだけではなく、同一の発展段階においても比較する（例えば、18世紀のイギリス綿業と19世紀の日本綿業を比較するなど）点に、方法上のユニークさがあった。国際比較経営史

253

付録　日本における経営史学の50年：回顧と展望

は、比較という方法を積極的に導入することによって、ばらばらでは個別の事例研究にとどまる複数の分析結果から、一定の汎用性をもつ歴史認識を導くことができる点で、きわめて有用であった。

これに対して、中川敬一郎は、国際比較経営史を国際関係経営史へ発展させることを提唱した。国際関係経営史は、同一時点における複数国の産業間ないし企業間の相互作用を、決定的に重視する。つまり、ある時点におけるA国のaという企業（産業）の経営行動がB国のbという企業（産業）にどのような影響を及ぼしたか、そのb企業（産業）の対応がa企業（産業）の行動にいかなる変化をもたらしたか、などの論点に注目するわけである。国際比較経営史から国際関係経営史への展開と言い換えることもできる。中川の提唱は、その後の研究に大きなインパクトをもたらし、工藤［1992］や塩見・堀［1998］などの業績が、あいついで出版された。

【企業家の歴史的役割の究明】

企業家研究は、プレーヤーの個性や主体性を重視する経営史学の研究手法が適合しやすい研究分野である。そのこともあって、日本の経営史研究者は、国内外の企業家の歴史的役割を解明した数多くの業績を重ねてきた。[注8]

経営史学にもとづく企業家研究においても、「時系列に即した分析を行うだけでなく絶対年代を考慮に入れた検討にも取り組むこと」がきわめて重要な意味をもつ。それは換言すれば、研究対象とす

254

る企業家の役割を「時代の風」との関連づけて明らかにするということである。経営史学にもとづく企業家研究が取り上げてきたのは、「時代の風」を作り出したり「時代の風」に乗ったりした企業家だったとみなすことができる。

プロセスと主体性を重視し、「時代の風」との関連に注目する経営史学的アプローチに立つ企業家研究においては、成功者を取り上げる場合、その「達人性」ないし「先見性」の析出を課題とすることが多い。

2003年3月に開催された企業家研究フォーラムの記念すべき第1回研究会において、沢井実は、既存の企業家史研究の弱点に言及し、「企業家精神なる概念を、そこに認められる基本的特徴を具体的かつ客観的に抽出可能ならしめる測定可能な概念に変換することの困難性」(清川[1995]：281)という、清川雪彦の記述を肯定的に引用した。また、沢井は、企業家・経営者の「達人性」・「先見性」という概念がもつ曖昧さを問題にし、経営史における個人の役割を解明することの難しさを指摘した[注9]。

これらの沢井の問題提起は、いずれも、正鵠を射たものである。ただし、その問題提起の鋭さにたじろいで、立ち止まったままでは、企業家研究は深化しない。沢井自身や本稿の筆者も含めて、この問題提起に答えなければならないのである。

筆者としては、企業家研究に携わる者は、なんらかの形で、この問題提起に答えなければならないのである。企業家精神や経営史における個人の役割を「測定可能な概念に変換すること」は、そもそも不可能だと考えている。しかし、こう考えるからといって、測定不能性を理由にして企業家

255

付録　日本における経営史学の50年：回顧と展望

研究の意義を否定したり、あるいは逆に企業家の「達人性」・「先見性」を可能な限り相対化する努力を放棄したりするつもりは、毛頭ない。企業家の「達人性」・「先見性」を可能な限り相対化したうえで、企業家研究のさらなる深化をめざすというのが、筆者の基本的立場である。

企業家の「先見性」については、長期にわたる歴史的分析を加えることで、その実態をある程度客観的に解明することができる。特定時点における当該企業家の言動が、その後の関連分野全体のあり方にいかなる影響を及ぼしたか（あるいは及ぼさなかったか）については、歴史的手法を使えば冷静に分析することが可能だからである。

一方、企業家の「達人性」については、それを相対化するために、経営史学の分野でノウハウが蓄積されてきた比較研究の方法を駆使する必要がある。この面では、同じような環境のもとで異なる結果を導いた複数の企業家・経営者の行動を比較検討することによって、個々人がはたした役割を相対化することが求められているのである。

4　経営史学の課題：結びに代えて

ここまで述べてきたように、経営史学は、主として企業経営の歴史を、結果よりも過程に注目して研究する学問である。隣接分野には経済史学があるが、経済史学がどちらかと言うと分析対象とするプレーヤー間の共通性を見出すことに力を注ぐのに対して、経営史学はプレーヤーの主体的営為を重

256

付録　日本における経営史学の50年：回顧と展望

視し各々の個性に光を当てることに力点を置くという違いがある。

社会科学の諸分野の中で比較的新しい学問である経営史学は、1929年の世界大恐慌前後にアメリカで誕生したことからもわかるように、現実社会の動向とつねに密接な関係をもってきた。第2次世界大戦後の世界的規模での企業経営の発展に歩調を合わせて経営史学は世界各地に広がり、まずは先発工業化諸国で、そして最近では新興国で、経営史学会の設立があいついでいる。

現実社会との関連についてみれば、2008年のリーマンショックを契機に発生した世界同時不況が長期化するなかで、資本主義のあり方そのものが問われるような状況が生じており、歴史的視点から現実社会に示唆を提供する経営史学への期待は高まっている。一般的に言って、特定の産業や企業が直面する深刻な問題を根底的に解決しようとするときには、どんなに「立派な理念」や「正しい理論」を掲げても、それを、その産業や企業がおかれた歴史的文脈のなかにあてはめて適用しなければ、効果をあげることができない。また、問題解決のためには多大なエネルギーを必要とするが、それが生み出される根拠となるのは、当該産業や当該企業が内包している発展のダイナミズムである。ただし、このダイナミズムは、多くの場合、潜在化しており、それを析出するためには、その産業や企業の長期間にわたる変遷を濃密に観察することから出発しなければならない。観察から出発して発展のダイナミズムを把握することができれば、それに準拠して問題解決に必要なエネルギーを獲得する道筋がみえてくる。そしてさらには、そのエネルギーをコンテクストにあてはめ、適切な理念や理論と結びつけて、問題解決を現実化することも可能である。産業や企業の長期間にわたる変遷を濃密に観

付録　日本における経営史学の50年：回顧と展望

察する学問である経営史学への期待が高まっているのは、このような事情が存在するからである。特定の産業や企業が直面する深刻な問題を根底的に解決しようとするとき経営史学が役に立つのであれば、それは、経営史学の「応用経営史学」への展開と表現することができる。経営史学が過去の事実を解析するだけの時代は、終わりを告げた。応用経営史学への展開は、経営史学が、過去の文脈を解き明かすことを通じて現在の問題の核心と解決策を指し示し、そのことを通じて未来への展望を切り開く、新しい役割を担う時代が到来したことを意味する。

[注]

1　経営史学的視角に立った代表的な日本の財閥についての研究業績としては、安岡 [1970]、森川 [1980]、法政大学産業情報センター・橋本・武田編 [1992]、などをあげることができる。
2　「コンツェルン」とは、持株会社による複数の傘下企業の株式所有を通じて、同一資本で異なる産業部門の支配をめざす独占組織の一形態のことである。
3　法政大学産業情報センター・橋本・武田編 [1992]: 78. 武田晴人執筆部分。
4　このような研究方法を確立した先駆的業績としては、山崎 [1975] をあげることができる。
5　ここで指摘した手順を踏んだ国際競争力に関する日本の経営史研究の最近の成果としては、湯沢・鈴木・橘川・佐々木編 [2009] をあげることができる。
6　分業間調整費用とは、「細かく分かれて分業を担当している企業同士の間の取引の調整費用」（伊丹・松島・橘川編 [1998]: 13）のことである。
7　この点については、例えば、経営史学会・湯沢編 [2005] 参照。
8　宮本又郎は、企業家研究フォーラムの創設に主導的な役割をはたすなどして、この分野での研究を牽引してい

258

付録　日本における経営史学の 50 年：回顧と展望

る。また、企業家の歴史的役割について、最近、精力的に業績を発表している経営史研究者としては、宇田川勝、佐々木聡らの名をあげることができる。

9　以上の点については、沢井［2003］参照。

【参照文献】

阿部武司［1989］『日本における産地綿織物業の展開』東京大学出版会。
伊丹敬之・松島茂・橘川武郎編［1998］『産業集積の本質』有斐閣。
橘川武郎［1996］『日本の企業集団』有斐閣。
清川雪彦［1995］『日本の経済発展と技術普及』東洋経済新報社。
工藤章［1992］『日独企業関係史』有斐閣。
経営史学会・湯沢威編［2005］『外国経営史の基礎知識』有斐閣。
沢井実［2003］「経営者史研究の現状と課題」企業家研究フォーラム2003年春季研究会報告。
塩見治人・堀一郎編［1998］『日米関係経営史』名古屋大学出版会。
法政大学産業情報センター・橋本寿朗・武田晴人編［1992］『日本経済の発展と企業集団』東京大学出版会。
沼上幹［1999］『液晶ディスプレイの技術革新史——行為連鎖システムとしての技術——』白桃書房。
森川英正［1980］『財閥の経営史的研究』東洋経済新報社。
安岡重明［1970］『財閥形成史の研究』ミネルヴァ書房。
山崎広明［1975］『日本化繊産業発達史論』東京大学出版会。
湯沢威・鈴木恒夫・橘川武郎・佐々木聡［2009］『国際競争力の経営史』有斐閣。
Chandler, Jr., Alfred D. [1990]. *Scale and Scope*, Belknap Press of Harvard University Press, Cambridge, Massachusetts.
Kawabe, Nobuo [2014]. *Introduction: Problem Presentation*, in Plenary Session of The 50th Congress of the

付録　日本における経営史学の 50 年：回顧と展望

Business History Society of Japan, Bunkyo Gakuin University, Tokyo.

あとがき

東京電力・福島第一原子力発電所の事故が発生してから、早くも4年半以上の歳月が経過した。同事故はゼロベースでの出直し的な電力改革・原子力改革の必要性を世に知らしめたが、その方向性は現時点においても明確になったとは言い切れない。

この間、筆者は、電力改革・原子力改革のあり方について、積極的に社会的発言を重ねてきた。直接的には過去の事象を研究対象とする歴史学者のあり方について、積極的に社会的発言を重ねてきた。直いや、むしろ、歴史学者、経営史家であるにもかかわらずである。言うことができよう。時間軸に即した分析に立脚して問題の歴史的文脈を把握し、潜在化している産業発展や企業発展のダイナミズムを析出して、問題解決の具体的な方策を展望する、応用経営史という手法に立つからである。

もちろん、福島第一原発事故後のプロセスのなかで、筆者の見通しが正しかったこともあれば、誤っていたこともある。提言が実現したこともあれば、しなかったこともある。しかし、応用経営史の手法に立つ発言が、問題解決のための選択肢を豊富化させ、議論の幅を広げてきたことは、間違い

あとがき

このような考えにもとづき、応用経営史の手法について、その内容と方法を改めて説明するとともに、それを現実の社会的テーマに適用した事例（福島第一原発事故後の電力改革・原子力改革の事例）を紹介しようとしたのが、本書である。応用経営史の手法、ないし電力改革・原子力改革をめぐる筆者の見解に対して、忌憚のないご批判を読者の方々から賜ることができるならば、望外の幸せである。

本書の刊行にあたっては、株式会社文眞堂の皆様にたいへんお世話になりました。ここに特記して謝意を表します。

2015年晩秋

橘川　武郎

米川伸一　253
米倉誠一郎　44
米山高生　233, 234

【ラ行】

リカード, D.　246
劉軍国　133

人名索引

来馬克美　140, 179
玄田有史　61, 134, 170, 171
神津カンナ　75
小林一三　142
小堀聡　78

【サ行】

坂根正弘　128
佐々木聡　42, 77, 146
佐藤学　135
佐藤ゆかり　134, 135
澤昭裕　75, 83
沢井実　255
澤木久雄　132
塩見治人　254
シュンペーター, J. A.　234
末永洋一　135
鈴木光司　134, 135
関満博　74

【タ行】

高岡美佳　251
滝順一　137
武田晴人　234, 235
田中聡　152
田原総一朗　139
チャンドラー, Jr., A. D.　234, 249
十市勉　75, 143
土光敏夫　42

【ナ行】

中川敬一郎　254
中沢謙二　149
中原延平　13
中原伸之　13
中上川彦次郎　243, 244
中村稔　146
奈良林直　83, 75
貫正義　144

沼上幹　239, 240
野田佳彦　40, 45, 67-69

【ハ行】

橋本圭三郎　13
鳩山由紀夫　95, 97
浜田健太郎　144
ビスマルク, O.　3
平井岳哉　146
平野創　144
広瀬道明　231
藤井宏明　148
藤江昌嗣　77
古川元久　117, 118
堀一郎　254

【マ行】

槇原敬之　162
松島茂　250, 251
マッティ, E.　14
松永安左エ門　31, 41, 43, 134, 142, 145
松本真由美　150
間庭正弘　32
マルクス, K.　177
三屋裕子　140
三村明夫　67, 126
宮崎緑　83
茂木敏充　126
森川英正　243

【ヤ行】

山崎広明　ii, iii, 242
山地憲治　134, 140, 149
山下俊一　83
山名元　134
山本隆三　134, 149
由井常彦　253
吉井理記　148
吉岡斉　45

人名索引

【アルファベット】

Dehmer, D.　80
Fackler, M.　74, 138
Garicia, R.　76
Geraldes, H.　76
Ghosh, P.　74
Johnston, E.　81
Kim, D.　149
Nagata, K.　81
Sánchez, A.　77
Sheldrick, A.　76
Von Kolonko, P.　72
Wille, J.　139

【ア行】

浅野浩志　143
麻生太郎　204
安達一将　136
安倍晋三　69, 126-128, 143, 145, 160, 162, 163, 203-206, 250
新井光雄　75
有馬朗人　40
安藤晴彦　139
飯尾歩　150
五百旗頭薫　175
幾島賢治　142
幾島貞一　142
石井彰　70
板垣暁　144
伊丹敬之　250, 251
出光佐三　13
岩崎弥太郎　244
岩崎弥之助　243
植田和弘　77
内本智子　150
梅村英夫　82
枝野幸男　67, 68, 84
枝廣淳子　46
遠藤典子　136
遠藤雄幸　83
太田垣士郎　130
大西健一　229
小此木潔　77
尾高智明　148

【カ行】

海江田万里　40, 55, 91, 178
開沼博　142
柿沼正明　148
郭四志　43
柏木孝夫　134, 135
勝間和代　134, 135, 140, 149
金子憲治　151
萱野稔人　142
茅陽一　143
川邉信雄　242
菅直人　40, 53, 54, 68, 177-179
木川田一隆　42
岸博幸　143
北浦貴士　150
清川雪彦　255
工藤章　254
久保文克　ii, 146

事項索引

──4号機　206
未来開拓戦略　204
民営公益事業　25, 85
　　──方式　25, 26, 87, 220, 230, 231
無責任な原発回帰路線　207
むつ　131
メジャーズ　9, 10, 13
元に戻る再稼働　154, 157
モービル　13
もんじゅ　176, 180

【ヤ行】

安田　243
山地憲治との対談　140
ヤマハ　238

【ラ行】

ライジングサン　8, 9
リアルでポジティブな原発のたたみ方　73, 80, 112, 113, 115, 116, 118-121, 138, 164, 196
リサイクル方式　119
リサイクル路線　113
リプレース　207
歴史学の危機　ii
歴史的文脈（コンテクスト）　4, 6, 7, 12, 16, 22, 39, 46, 84, 234, 240, 257, 261
歴史離れ　ii, iii
ロイヤル・ダッチ・シェル　8
労働生産性　246, 247, 249
ローカル・アイデンティティ（地域らしさ）　172
六ヶ所・再処理工場　117, 131

【ワ行】

ワンススルー（直接処分）　49
　　──方式　119
　　──路線　113

日本原燃　36
日本石油　8, 9, 11, 13
日本電信電話公社　24
日本発送電　23
燃料電池（FC）　102, 184, 185, 187
　——自動車　183-185, 187-189
野村　243

【ハ行】

バックエンド　32, 35, 49, 64, 112, 114, 119, 120, 196
バックフィット　68, 127, 196
発送電一貫　83
発送電分離　46, 138, 141, 151, 159, 198, 225-227, 229-231
発送配電一貫経営　34, 223, 225
発送配電一貫体制を解体　32
発展のダイナミズム　3, 4, 6, 12, 14, 16, 17, 22, 29-31, 39, 50, 94, 170, 234, 235, 257, 261
鳩山イニシアチブ　95, 96
パフォーマンス競争　23, 24
浜岡原子力発電所　40, 53-55, 131, 176, 177
パワー・トゥ・ガス　189, 190, 195
範囲の経済性（Economy of Scope）　249
反原発　115
東日本大震災　21, 39, 50, 52, 73, 75, 88, 106, 108, 147, 171, 176, 183, 219, 220, 222, 225
日立製作所　51
常陸那珂火力発電所　88
日の丸ガス田　208
広野火力発電所　88
フィルター付きベント　155
福井県　42, 50, 52, 53, 55-59, 61, 93, 94, 172, 174, 178-182
フクシマ50　41, 50-52, 88

福島第一原子力発電所　39, 40, 53, 88, 169
　——1号機　60
　——1〜4号機　158
　——事故　i, 17, 21, 29, 36, 38, 39, 44, 46-51, 53-55, 58, 60, 62, 65, 69-71, 75, 77, 84-87, 89, 90, 93, 94, 96, 101, 103, 105, 106, 108, 109, 111, 113, 117, 121, 124, 132, 147, 171, 176, 178, 179, 181, 183, 196, 199, 201, 212, 220, 225, 228, 231, 233, 261, 262
福島第二原子力発電所　88, 204
沸騰水型　58
　——原子炉　63, 143, 155, 157, 207
不変のカヴァー法則　239, 240
ブラックアウト　90-92
古河　244
分散型エネルギー供給　188
分散型系統運用　111, 113, 198
減り始める再稼働　154, 157
ヘンリーハブ　209
宝田石油　8, 13
北陸電力　64, 70, 92
北海道電力　68, 92, 167, 222
ホンダ　183, 238

【マ行】

松方日ソ石油　13
まとめ買い　109, 123
真水方式　95, 96, 98
三井　243, 244
三井銀行　243
三井物産　9
三菱　243, 244
三菱石油　9, 11
三菱総合研究所　205
美浜原子力発電所　176, 180, 181
　——1号機　60, 63, 129, 204
　——2号機　129

事項索引

112
千代田化工建設　170, 193, 194
敦賀原子力発電所　176, 180, 181
　——1号機　60, 63, 129
　——3, 4号機　206
低炭素社会　82
　——実現　41
定置型燃料電池　185, 187
低廉で安定的な電気供給　25, 26, 28, 85-88
的確な歴史観　241
電気事業再編成　25, 30, 31, 223
電気事業法　26
電気は人なり　52
電気料金値上げ　87, 92, 93, 164
電源開発　23, 26, 69, 157, 159, 203
　——促進税の地方移管　64, 112, 113
電源構成　65, 76, 148, 177, 197, 208
　——の水主火従化　113
　——の火主水従化　26
電源三法　27, 49, 172, 182
電源ミックス　128, 129, 153, 161-165, 168, 201-203, 205, 206, 210, 218, 228
電力改革　i, 17, 22, 38, 73, 74, 110, 113, 140, 196, 197, 201, 233, 261, 262
電力供給法　229
電力業経営の自律性　29-31
電力広域的運営推進機関　219-221, 223
電力広域的調整機関　222
電力小売の全面自由化　111, 112, 127, 157, 159, 198, 219, 221, 223, 224, 226, 229, 230
電力国家管理　23, 26, 142
　——直前　30
電力システム改革　72, 127, 138, 144, 157, 158, 160, 197, 198, 219-221, 223, 226-231
　——専門委員会　127, 157, 198
電力自由化　22, 24, 28, 29, 31-35, 45,
110, 150-152, 201, 218, 219, 222, 227, 228, 230
電力需給検証小委員会　154
電力戦　23
電力料金値上げ　123
電力連盟　23
東亜燃料工業　9, 13
東京ガス　109, 159, 209, 231
東京通信工業　238
東京電灯　22
東京電力　22, 29, 50, 51, 59, 63, 67, 68, 71, 73, 76, 78, 84-88, 91-93, 134-137, 144, 147, 153, 157-159, 169, 197, 198, 204, 208, 224
東芝　51
東通　131
東電環境エンジニアリング　51
東電工業　51
東電実質国有化　85
東南海地震　177
東北地方太平洋沖大地震　21, 39, 53
東北電力　63, 91, 92, 167, 222
独立行政法人日本原子力研究開発機構　176, 180
泊原子力発電所3号機　68
トヨタ　183, 184

【ナ行】

勿来発電所　101
ナショナル・バランシング・ポイント　209
ナショナル・フラッグ・オイル・カンパニー　11, 14, 16, 235
日章丸事件　13
日石三菱　11
日本環境問題　99, 212
日本原子力研究開発機構　171
日本原子力発電（原電）　23, 60, 63, 129, 171, 176, 180, 181, 206

事項索引

水素　137, 138, 142, 149-152, 170, 183-195
　——ステーション　188, 189
　——・燃料電池戦略協議会　183, 185
　——・燃料電池戦略ロードマップ　183, 185, 186
　——発電　145, 185, 186, 191, 193
鈴木　244
スタンダード・オイル　7
スタンヴァック　9, 13
ストレステスト　40, 68, 178, 179
　——シナリオ　178, 179
スマートコミュニティ　61, 74-76, 79, 82, 134, 135, 169, 217
住友　243
住友商事　109
スリーマイル島原発の事故　47, 51
生産地精製主義　8
西部ガス　140
石炭火力技術海外移転　96, 98, 99
石油開発公団　10
石油企業の過多・過小　10, 12
石油業法　10-13, 142
石油公団　10, 11
石油ショック（石油危機）　10, 27, 28, 43, 47, 113, 115, 146, 199, 230
　——のトラウマ　27-30
節電　119
ゼロ・エミッション　48, 65, 96, 100, 103, 119, 121, 173, 197
ゼロシナリオ　117, 119, 122, 123
川内原子力発電所1号機　129
川内原子力発電所2号機　129
川内原発再稼働　152
全面自由化　29, 74
総括原価方式　230
総合エネルギー企業　231
総合資源エネルギー調査会基本政策分科会　126, 127, 162

総合資源エネルギー調査会基本問題委員会　38, 40, 67, 123, 126
総合資源エネルギー調査会総合部会　126, 127
総合特別事業計画　68, 84, 86, 158
送配電部門の法的分離　127, 158, 221
ソコニー　7, 8
ソコニー・ヴァキューム　9
外側からの挑戦　13

【タ行】

第4の電源　65
大局観　116, 241
高い現場力と低い経営力のミスマッチ　88, 197
高浜原子力発電所　76, 176, 181
　——3, 4号機　130
脱原発　48, 79, 131, 133, 139, 180
　——依存　111, 118, 124
　——依存シナリオ　112
　——依存路線　65
チェルノブイリ原子力発電所事故　21, 39, 47, 51
地球温暖化対策　94, 100, 227
　——の切り札　194, 212
地球温暖化防止　96
　——策　99
　——の切り札　98, 213
地球温暖化問題　48
地球環境問題　99, 212
地層処分　114
中国電力　64, 69, 92, 100, 117, 129, 157, 203, 225
中部電力　40, 53, 55, 63, 92, 131, 145, 159, 176, 177, 198, 208, 224
長期エネルギー需給見通し　128, 129
　——小委員会　128, 202, 206, 207, 210, 215, 218
直接処分（ワンススルー）路線　62, 64,

事項索引

原発　リアルでポジティブなたたみ方　77
原油価格リンク（油価リンク）　107, 209
広域機関　151
広域検討運用機関　127, 157
広域電力プール　229
行為の経営学　239, 240
高効率石炭火力技術の移転　212, 218
高効率石炭火力発電技術　94
高効率石炭火力発電技術の海外移転　100
更新基準　60, 63, 94
公的管理　84
神戸工業　238
国際関係経営史　253, 254
国際原子力事象評価尺度（INES）　21, 39
国際比較経営史　253, 254
国策民営　34, 43, 45, 47, 48
　——方式　48, 50, 63, 197
コスト等検証委員会　123
護送船団的もたれ合い　10
国家管理　24, 42, 43, 220
固定価格買取制度（FIT）　40, 143
小松製作所　128
今後のエネルギー政策に関する有識者会議　40
コンビナート高度統合　15
コンビナート・ルネサンス　15

【サ行】

再処理工場　36
再生可能エネルギー　65, 95, 96, 118, 121, 122, 128, 142-146, 148, 151, 152, 160, 165-168, 170, 186, 188-190, 192, 197, 202-208, 214-218, 222, 223, 225, 227, 228
　——特別措置法　40
最大限基準　60, 63, 93

佐久間ダム　26
サミュエル商会　8
サンシャイン計画　149
暫定安全基準シナリオ　178, 179
残留原油の増進回収（EOR）　194
シェールガス革命　78, 83, 94, 103-107, 109, 123, 132, 135, 137, 146, 161
志賀原子力発電所　76
四国電力　71, 91, 92, 130, 167, 222
事後的（EX POST）　238, 249
事前的（EX ANTE）　238, 249
実質国有化　84, 85
島根原子力発電所　76
　——1号機　129
　——3号機　69, 117, 157, 203
仕向地条項　209
集中型系統運用　113
省エネルギー　65, 95, 119, 121, 122, 128, 187, 197, 213
使用済み核燃料　182
　——の再処理（リサイクル）路線　62, 64, 112
　——の処理　32, 34, 49, 113, 119, 164, 196
　——リサイクル事業　117
使用済み燃料直接処分路線　33, 35, 36
常磐共同火力　101
消費地精製　10
　——主義　10
　——方式　8, 9, 13
将来ゼロ　163
上流企業の過多・過小　12, 14
上流部門で儲ける　15
上流部門と下流部門の分断　8-12, 14
新安全基準　44, 93
新エネルギー小委員会　166, 167
新大分火力発電所　91, 92
新日鐵住金　126
新日本製鐵　67

事項索引

革新的エネルギー・環境戦略 69
核燃料サイクル（再処理） 32, 49
　——路線 33, 35, 36
鹿島火力発電所 88
柏崎刈羽原子力発電所 87, 91, 144, 147, 158, 159, 198
ガス大手3社（東京ガス・大阪ガス・東邦ガス）の導管部門の法的分離 221
ガス小売全面自由化 70, 198, 220, 224-227, 231
ガスシステム改革 221, 231
家庭用燃料電池 184, 185
下方スパイラル 11, 14
カリフォルニア電力危機 230
下流企業（部門）の過多・過小 11, 12
下流の技術力で上流を攻める 15
火力発電用燃料の油主炭従化 26
カルテックス 9, 11
川崎＝松方 244
川崎重工業 193
関西電力 26, 60, 63, 68, 92, 129, 130, 143, 155, 171, 176, 178-181, 204, 206, 209, 224
希望学 42, 44, 52, 61, 134, 170, 171, 173, 175
規模の経済性（Economy of Scale） 249
基本問題委員会 157
九州電力 74, 91, 92, 129, 144, 167, 169, 222, 224, 225
京都議定書 34, 96
久原 244
グリッド・システム 229
クリーンコールパワー研究所 101
グリーン水素 188
黒部川第四発電所 26
経営の自律性 110, 111
慶応義塾 244
計画停電 41, 89, 91, 222

経済合理性 238, 250, 252
経産省 211
系統運用 34, 159, 222, 223
　——能力 225
系統ワーキンググループ 167
玄海原子力発電所1号機 129, 169
玄海原子力発電所2号機 169
現実的で前向きな原発のたたみ方 83
原子力安全委員会 63, 69
原子力安全・保安院 42, 53, 55-60, 63, 68
原子力改革 i, 17, 22, 38, 196, 201, 233, 261, 262
原子力機構 176, 180
原子力規制委員会 69, 127, 129, 153, 154, 164, 182, 196
原子力規制庁 69
原子力基本法 46
原子力再稼動 134
原子力三法 46
原子力船「むつ」の事故 47
原子力損害賠償支援機構 67, 84
　——法 85, 86
原子力発電所再稼働 89, 45, 76, 78, 83, 93, 133, 138, 142, 144, 153-155, 162-164, 178, 196
原子力発電所のリプレース 148, 206, 218, 228
原子力ムラ 34
原子力ルネサンス 47, 48
原子炉等規制法 204
　——の改正 68, 116, 155, 203
原発依存路線 65
原発回帰 127, 148
原発回帰路線 206
原発からの出口戦略 182, 197
原発ゼロ 68, 127, 129, 142
原発即時ゼロ 117, 163
原発のたたみ方 137, 142

事項索引

JOGMEC（独立行政法人石油天然ガス・金属鉱物資源機構）　15
Jパワー（電源開発株式会社）　77, 100, 117, 139
JX　159
　──日鉱日石エネルギー　183
Kan　74
KEPCO社　109, 123
KOGAS社　105, 108, 109, 123
LNGをまとめ買い　108
PPS（Power Producer and Supplier）　224
Qフレックス　105
Qマックス　105
Quicksilver社　104
RING（石油コンビナート高度統合運営技術研究組合）　15
SC（超臨界圧石炭火力発電）　102
SPERA水素　194, 195
　──システム　170
S字カーブ　209
S+3E　100, 101, 201, 202, 206, 207, 218
TFP（Total Factor Productivity：全要素生産性）　246, 247, 249
USC（超々臨界圧石炭火力発電）　102

【ア行】

浅野　244
アジアチック　8
新しいエネルギー基本計画　136
新しい規制基準　127, 129, 153, 155, 196
新しい（原発）安全基準　53, 60, 63, 178
安全基準　182
安定的な電気供給　27, 28
アンバンドリング　32, 34, 35
イオン　225
伊方原子力発電所3号機　130
イクシス・プロジェクト　208
出光興産　13

岩谷産業　183
内側からの挑戦　13
エクソン　13
エネフォーム　185
エネミックス　79, 145, 149
エネルギー安定供給　82, 202, 214, 218
エネルギー改革　i, 4, 199
エネルギー・環境戦略　116, 124
エネルギー基本計画　40, 132, 140, 141, 145, 161, 162, 183, 185
エネルギー供給構造高度化法　96
エネルギー・セキュリティ　16, 22, 33, 34, 101, 102, 111
エネルギーミックス　129, 143, 161, 191, 202, 210, 218
黄金時代　25-27, 43
欧州委員会　189, 190
応用経営史　i, iii, 3-7, 12, 14, 16, 17, 22, 25, 29, 31, 38, 39, 46, 48, 50, 62, 84, 89, 94, 110, 153, 160, 165, 170, 196, 201, 233-235, 240, 258, 261, 262
大飯原子力発電所　176, 181
　──3, 4号機　68, 155, 178-181
大倉　244
大阪ガス　159, 209
大崎クールジェン　100, 101
大間原子力発電所　69, 117, 131, 157, 203
沖縄電力　23, 92, 167, 222, 223
小倉石油　8, 9, 13
女川原子力　142
お役所のような存在　26, 28
温室効果ガス排出量削減　97, 149, 165

【カ行】

加圧水型原子炉　63, 155, 207
外資提携　9, 10
改正された原子炉等規制法　168
改正電気事業法　221

事項索引

【数字・アルファベット】

2国間オフセット・クレジット　134
　——制度　213
　——方式　193, 214
2国間クレジット　99
3条委員会　69, 164
4社協定　8
6社協定　9
9（10）電力会社　23-28, 30, 31, 33-36, 43, 50, 62, 63, 230
9（10）電力体制　23, 26, 27, 30, 42, 223, 224
　——の自己拘束性　34
　——の突然死　35
9配電会社　23
15（％）シナリオ　80, 82, 116, 117, 119, 121-124
20〜25シナリオ　117, 119, 122, 123
30年代原発ゼロ方針　69
40年運転停止原則　203, 204
40年廃炉　137
　——基準　155-157, 164, 169, 197, 216
　——原則　129
2010年エネルギー基本計画（第3次エネルギー基本計画）　40, 65, 94, 95
2014年エネルギー基本計画（第4次エネルギー基本計画）　128, 160, 163, 184, 192, 203
2030年代原発ゼロ方針　117, 118, 124
ABWR（改良型沸騰水型軽水炉）　207
AP1000　207
APWR（改良型加圧水型軽水炉）　207
BG　105
CCS（二酸化炭素回収・貯留）　65, 102, 103, 121, 186, 193, 194
Cheniere社　104, 105
Chesapeake社　104
CO_2（二酸化炭素）排出量削減　35, 98, 99, 101, 102, 135, 152, 194, 212-214, 218
COP15（国連気候変動枠組み条約第15回締約国会議）　95
COP21（国連気候変動枠組条約第21回締約国会議）　129, 164, 165, 210
EAGLEプロジェクト　101
enel　191
eni　14, 191, 235
Fenosa社　105
FERC（連邦エネルギー規制委員会）　105
FIT（固定価格買取制度）　142, 146, 148, 151, 166-168, 190, 215, 216, 222, 227
F－グリッド　142
GAIL社　105, 108
GERG（The European Gas Research Group）　189, 190
Horizon 20　190
IGCC（石炭ガス化複合発電）　65, 81, 100-103, 121
IGFC（石炭ガス化燃料電池複合発電）　65, 102, 103
INPEX（国際石油開発帝石）　15, 208
JCCP（国際石油交流センター）　15

274 (1)

著者紹介

橘川 武郎（きっかわ・たけお）

東京理科大学大学院イノベーション研究科教授。
東京大学大学院経済学研究科博士課程単位取得退学。経済学博士。
青山学院大学経営学部助教授、東京大学社会科学研究所教授、一橋大学大学院商学研究科教授を経て、2015年より現職。
経営史学会会長。
著作は、『日本のエネルギー問題』（NTT出版、2013年）、『アジアの企業間競争』（文眞堂、2015年、共編著）、『外資の経営史』（文眞堂、2016年、共著）など。

応用経営史 福島第一原発事故後の電力・原子力改革への適用

平成二八年三月一五日　第一版第一刷発行

検印省略

著　者　橘川　武郎

発行者　前野　隆

発行所　株式会社　文眞堂

東京都新宿区早稲田鶴巻町五三三

〒一六二-〇〇四一

電話　〇三-三二〇二-八四八〇
FAX　〇三-三二〇三-二六三八
振替　〇〇一二〇-二-九六四三七番

印刷　モリモト印刷
製本　イマヰ製本所

http://www.bunshin-do.co.jp/
©2016
落丁・乱丁本はおとりかえいたします
ISBN978-4-8309-4891-6　C3034